矿山运输与提升设备操作及维护

（第3版）

主　编　韩治华　李　凡
参　编　彭伦天　冷永军　朱永丽

重庆大学出版社

内容提要

本书分为6个学习情境，内容包括矿山运输与提升设备的工作原理、基本结构和维护运行、选型设计方法等。每个学习情境后附有思考与练习题，以方便读者及时巩固所学知识。

本书可作为高等职业技术学院矿山机电类的专业教材，也可作为中职相关专业教材和供从事矿山机械设备管理、维修的工程技术人员参考。

图书在版编目(CIP)数据

矿山运输与提升设备操作及维护/韩治华，李凡主编.--3版.--重庆：重庆大学出版社，2019.7(2023.1重印)
机电一体化技术专业及专业群教材
ISBN 978-7-5624-5188-4

Ⅰ.①矿… Ⅱ.①韩…②李… Ⅲ.①矿山运输—运输机械—操作—高等学校—教材②矿山运输—运输机械—机械维修—高等学校—教材③矿井提升—提升设备—操作—高等学校—教材④矿井提升—提升设备—机械维修—高等学校—教材 Ⅳ.①TD5

中国版本图书馆CIP数据核字(2019)第141370号

矿山运输与提升设备操作及维护
(第3版)
主　编　韩治华　李　凡
责任编辑：曾令维　李定群　　版式设计：曾令维
责任校对：贾　梅　　　　　　责任印制：张　策
*
重庆大学出版社出版发行
出版人：饶帮华
社址：重庆市沙坪坝区大学城西路21号
邮编：401331
电话：(023) 88617190　88617185(中小学)
传真：(023) 88617186　88617166
网址：http://www.cqup.com.cn
邮箱：fxk@cqup.com.cn (营销中心)
全国新华书店经销
POD：重庆市圣立印刷有限公司
*
开本：787mm×1092mm　1/16　印张：9.25　字数：237千
2019年7月第3版　2023年1月第8次印刷
ISBN 978-7-5624-5188-4　定价：32.00元

前言

根据机电一体化(矿山方向)专业的培养方案,该专业是为煤矿企业培养技术管理和应用型的高技能人才,具体来说就是从设备的选型、安装、维护运行、修理到设备的更新改造进行全过程的管理和实施。本课程的内容涉及矿山运输机械与提升设备的选型、维护运行等内容,因此,它是本专业必修的专业课之一,也是该专业的核心课程。本课程的目的是基于学生今后工作的实际工作过程,让学生能够比较系统地掌握矿山运输机械与提升设备的基本理论和选型、维护运行方法,使教学与实际工作更加接近,缩短课堂与就业之间的距离。

本书在编写过程中,得到了很多煤矿企业的支持,许多工程技术人员和校友都提出了许多宝贵意见,在这里一并表示诚挚的谢意。限于编者水平,书中难免存在疏漏之处,敬请读者批评指教。

编 者

2019 年 5 月

目录

模块1 矿山运输机械

学习情境1 刮板输送机 …… 3
任务1 刮板输送机的工作原理及构造 …… 3
任务2 刮板输送机的选型计算 …… 17
任务3 刮板输送机的安装与故障分析 …… 23
思考与练习 …… 31

学习情境2 桥式转载机 …… 32
任务1 桥式转载机的工作原理及构造 …… 33
任务2 桥式转载机的安装与试运转 …… 41
任务3 桥式转载机的维护与故障处理 …… 43
思考与练习 …… 45

学习情境3 胶带输送机 …… 46
任务1 胶带输送机的工作原理及构造 …… 46
任务2 胶带输送机的选型计算 …… 61
任务3 胶带输送机的操作 …… 68
任务4 胶带输送机的安装及故障处理 …… 69
思考与练习 …… 73

学习情境4 液力耦合器 …… 74
任务1 液力耦合器的结构和工作原理 …… 74
任务2 液力耦合器的拆装及故障处理 …… 79
思考与练习 …… 82

学习情境 5 轨道运输 …… 83
任务 1 矿用电机车 …… 83
任务 2 齿轨车、卡轨车、齿轨卡轨车 …… 98
任务 3 钢丝绳运输 …… 100
任务 4 单轨吊运输 …… 101
思考与练习 …… 103

模块 2 矿山提升设备

学习情境 6 矿山提升设备 …… 107
任务 1 矿井提升的工作原理及构造 …… 108
任务 2 矿井提升机和天轮的选择计算 …… 126
任务 3 矿井提升机的操作与维护 …… 128
思考与练习 …… 138

参考文献 …… 140

模块 1

矿山运输机械

学习情境 1
刮板输送机

任务导入

刮板输送机是目前采煤工作面使用最为普遍的一种运输机械。它的运行情况的好坏直接影响到煤炭的产量。

学习目标

1. 掌握刮板输送机的工作原理及构造。
2. 掌握刮板输送机的选型计算方法。
3. 掌握刮板输送机的故障分析及处理。

任务 1　刮板输送机的工作原理及构造

一、概述

刮板输送机是一种有挠性牵引机构的连续运输机械。如图 1-1 所示为普通刮板输送机的组成示意图，其中，刮板链是牵引结构，溜槽是承载结构，刮板链在溜槽中做无极循环牵引，实现拖拉机运煤和卸载。

刮板输送机主要用于长壁采煤工作面，也可用于采区顺槽，联络眼，采区上下山及掘进工作面，承担煤炭运输任务。由于刮板输送机承受拉、压、弯曲、冲击、摩擦和腐蚀等多种作用。因此，要求有足够的强度、刚度、耐磨和耐腐蚀性，传动部分必须安全、隔爆。

（一）刮板输送机的分类

刮板输送机的电动机功率为 7.5 ~ 1 000 kW(2 × 500 kW)，输送能力为 30 ~ 3 000 t/h。常用的分类方式有以下 5 种：

(1) 按牵引链的条数和布置方式，可以分为单中链、边双链和中双链及三链型刮板输送机。

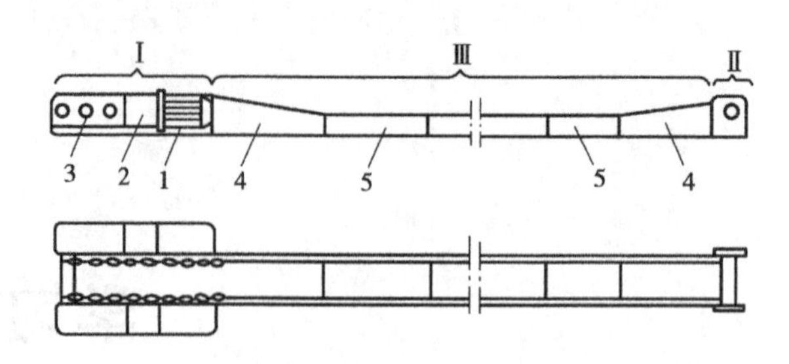

图 1-1 刮板输送机示意图

1—电动机；2—液力耦合器；3—减速器；4—过渡溜槽；

5—中部溜槽；Ⅰ—机头部；Ⅱ—机尾部；Ⅲ—中间部

(2)按溜槽的布置方式，可分为重叠式和并列式溜槽刮板输送机。

(3)按溜槽的结构，可分为开底式和封底式溜槽刮板输送机。

(4)按卸载方式，可分为端卸式和侧卸式刮板输送机。

(5)按功率大小，可分为轻型(单电动机额定功率小于或等于 40 kW)、中型(大于 40 kW，小于等于 90 kW)和重型(大于 90 kW)刮板输送机。

(二)刮板输送机的适用范围

1. 煤层倾角

刮板输送机向上运输最大倾角不得超过 25°，向下运输不得超过 20°。兼作采煤机轨道的刮板输送机，当工作面倾角超过 10°时，为防止采煤机机身及煤的重力分力以及振动冲击引起的刮板输送机机身下滑，应采取防滑措施。

2. 采煤工艺和采煤方法

国产刮板输送机均适用于长壁工作面的采煤工艺。其中，轻型适用于炮采工作面，少数轻型适用于小型机采工作面；中型主要用于普采工作面，个别可用于综采工作面；重型主要用于综采工作面。

(三)型号举例

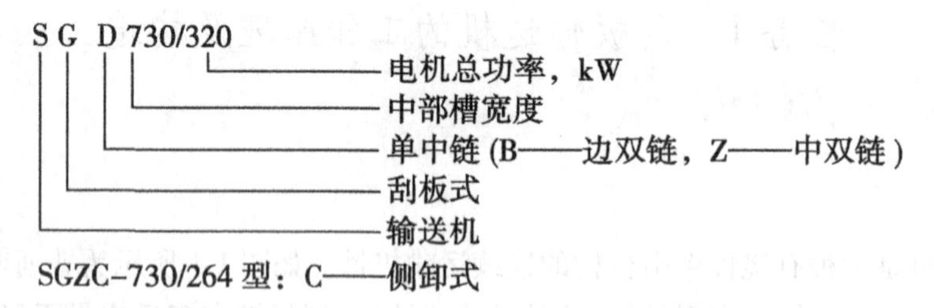

(四)刮板输送机的特点

1. 优点

其结构强度高，运输能力大，可以爆破；机身低矮，沿输送机全长可任意位置装煤；机身可弯曲，便于推移；可作为采煤机的轨道和推移液压支柱点；推移输送机时铲煤板可以清扫机道的浮煤；挡煤板后面的电缆槽架可装设供电、信号、通信、照明、冷却及喷雾等系统的管线，并起保护作用。

刮板输送机的这些优点，使它成为长壁采煤工作面唯一可靠的运输设备。

2. 缺点

其运行阻力大，耗电量高，溜槽磨损严重；使用维护不当时，易出现掉链、漂链、卡链甚至断链等事故,影响正常运行。

二、刮板输送机的结构

(一)机头部

机头部是刮板输送机的传动部件,具有传动、卸载、紧链、锚固和固定采煤机牵引链等功能。

如图1-2所示,机头部由机头架、链轮、减速器、盲轴、液力耦合器及电动机组成。减速器和电动机外壳均带有法兰盘,通过液力耦合器外罩把三者连成一刚性整体,以保证减速器输入轴、电动机轴和液力耦合器轴之间的同心度。减速器用螺栓固定在机头架上。

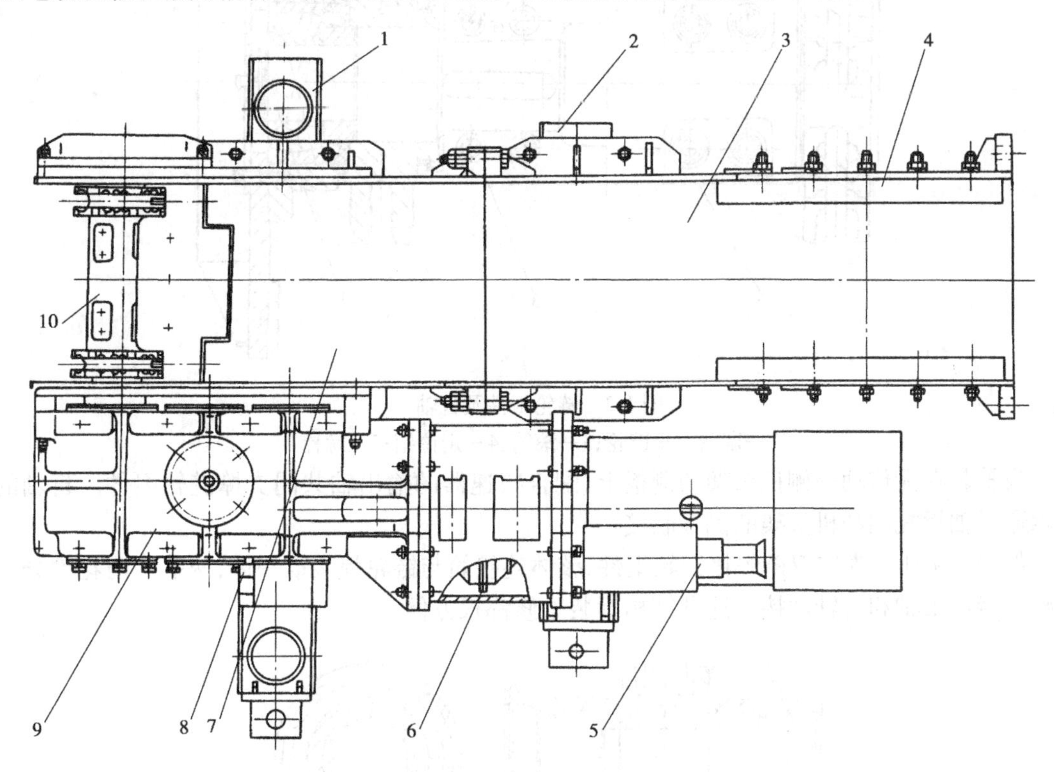

图1-2　刮板输送机机头部

1,2—推移梁;3—过渡槽;4—压链块;5—电动机;
6—液力耦合器;7—机头架;8—紧链器;9—减速器;10—链轮组件

1. 机头架

机头架是机头部的骨架,应有足够的强度和刚度,由厚刚板焊接制成,其共同特点为:两侧对称,可在任一侧安装减速器,以适应左、右工作面的需要;链轮由减速器伸出轴和盲轴支撑联接,这种联接方式,便于在井下拆装;前横梁上固定有拨链器和护轴板,以防止刮板链在与链轮的分离点处,被轮齿带动卷入链轮。

护轴板为易损件,用可拆换的活板,既利于链轮和拨链器的拆装,又便于更换;机头架的易损部位采取耐磨措施,如加高锰钢焊层或局部用可更换的耐磨材料零件。

2. 链轮组件和盲轴

链轮组件由链轮和连接筒组成。链轮是传动力部件,也是易损件,运转中除受静载荷外,还受脉冲和冲击载荷。如图1-3所示为双链用的链轮组件,两个七齿链轮2,通过内花键孔分别与减速器的输出轴和盲轴1的花键联接。两个分式连接滚筒3扣合在一起,用3个螺栓5紧固,连接筒两边的扣环分别扣在链轮的环槽内,内孔两端通过平键分别与减速器的输出轴和盲轴联接。安装时,必须保证两个链轮的轮齿在相同的相位角上。

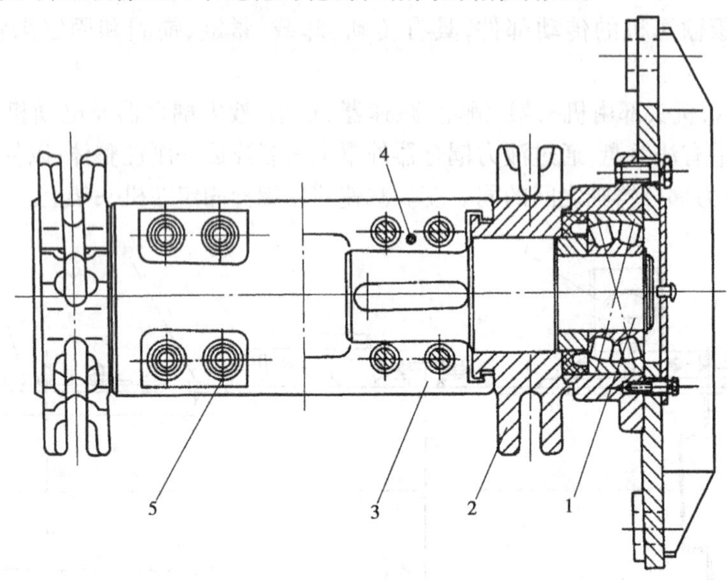

图1-3　链轮组件及盲轴

1—盲轴;2—链轮;3—滚筒;4—定位销;5—螺栓

盲轴装在无传动一侧机头架的侧板上,配合减速器的输出轴共同支撑链轮组件。盲轴的轴承通过轴承托架和机头架的侧板联接。

如图1-4所示为中双链焊接链轮组件,整体连接筒与链轮焊接成一体,两端的内花键分别与减速器输出轴和盲轴联接。这种结构拆装维修都很方便。

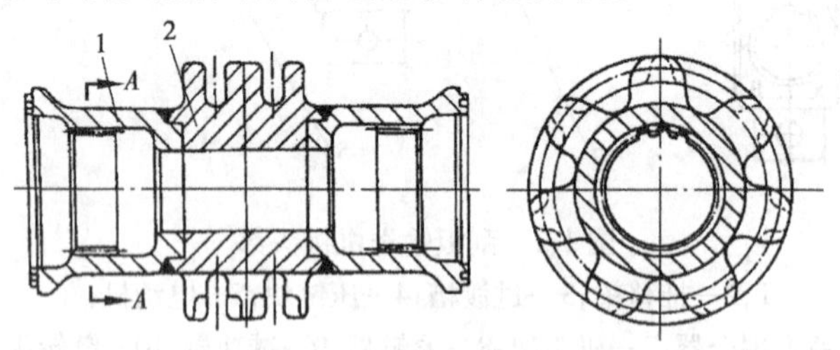

图1-4　中双链焊接链轮组件

1—滚筒;2—链轮

中单链链轮组件与中双链链轮组件结构类似,在此不再赘述。链轮用优质钢铸造或锻造后,调质处理,链窝和齿形淬火处理。为保证链轮的质量,轻型刮板输送机的链轮使用寿命,应不低于1年;中、重型刮板输送机的链轮寿命,应不低于1年半。

3. 减速器

目前,我国生产的刮板输送机减速器多为平行布置式、三级传动的圆锥圆柱齿轮减速器。其适用条件为:齿轮圆周速度不大于18 m/s,安装角度为0°~25°,高速轴转速小于1 500 r/min,减速器环境温度为-20~35 ℃,适于正、反两向运转。为适应不同的需要,三级传动的圆锥圆柱齿轮减速器有3种装配形式。Ⅰ型的第二轴端装紧链装置,第四轴(或第一轴)装断销过载保护装置;Ⅱ型的第二轴端装紧链装置,利用液力耦合器实现过载保护;Ⅲ型的第一轴装紧链装置,利用液力耦合器实现过载保护。采用双速电动机时,不能用液力耦合器,因液力耦合器不能在低速下工作。用双速电动机驱动,应采用机械或电气过载保护装置。

如图1-5所示为减速器。第一对齿轮为圆弧锥齿轮,第二对为斜齿轮圆柱齿轮,第三对为直齿圆柱齿轮。箱体为球墨铸铁,以保证强度。为使在倾斜状态下第一轴的球轴承得到润滑,用挡环和油封隔成一个独立的油室,使润滑油不会流入箱体油室。为使大倾角下锥齿轮得到润滑,箱体相应部位设隔油室。为防止工作时油过热,箱底部位设冷却水管。

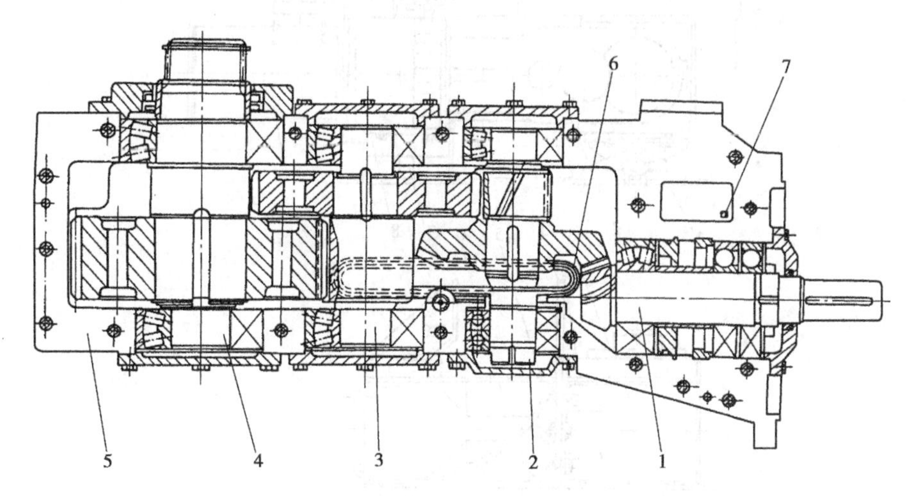

图1-5　减速器的结构

1—一轴;2—二轴;3—三轴;4—四轴;5—箱体;6—冷却装置;7—油位尺

4. 电动机

刮板输送机的电动机,不用液力耦合器时,都采用双笼型转子、高启动转矩的隔爆电机;采用液力耦合器时,对电动机启动转矩要求不高,只要求最大转矩要高。我国研制的双速变极电动机(8/4极,同步转速为750 $r \cdot min^{-1}$/1 500 $r \cdot min^{-1}$),它的定子装有两套绕组,一套低速高转矩绕组,一套高速绕组。其特性曲线如图1-6所示。启动时以低速绕组8极运行,同步转速仅为750 r/min,输出功率为高速转速的1/2,启动电流小,电网压降也小。但启动转矩大,可达额定转矩的3倍以上。双速电机需专用的控制开关,以实现低速启动运转,高速重载平稳过渡,不需要使用液力耦合器。

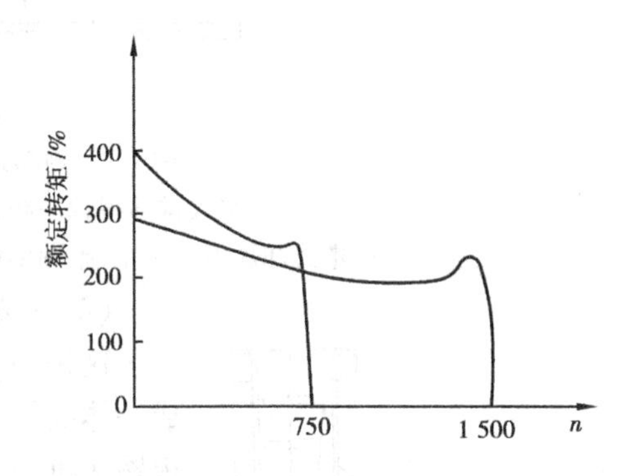

图1-6　双速电动机特性曲线

5. 新型刮板输送机

目前,使用的刮板输送机都是从机头端部向顺槽转载机卸载。为避免卸载后空段刮板链带回煤,机头需要有一定的卸载高度,这样影响采煤机运行到工作面端部自开切口。新的侧卸式和垂直转弯式刮板输送机能改善这种状况。

(1)侧卸式刮板输送机

侧卸式与一般式刮板输送机的区别在机头部。如图1-7所示,主要由回煤罩3、侧卸挡板4、犁式卸煤板5、倾斜中板6等组成。安装时机头跨越顺槽转载机延伸到下顺槽中,从机头的侧面向顺槽转载机卸载,机头架侧面卸载处的中板向两侧倾斜,在固定的犁式卸煤板的辅助下,将大部分煤卸入转载机中。刮板链从犁式卸煤板下面带走的煤,经机头链轮卸回到回煤罩内,由刮板链返程带回卸到转载机中。为此,机头架的底板,在转载机的上面部位开有卸煤孔。

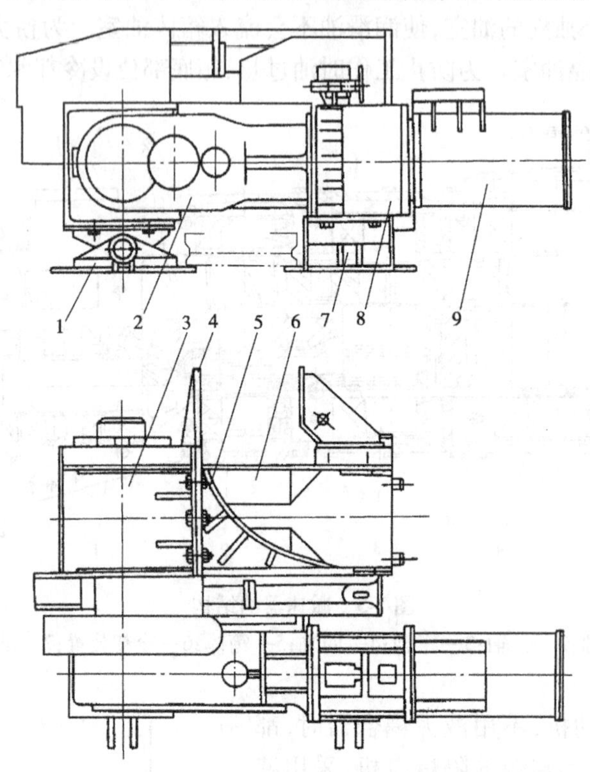

图1-7 侧卸式刮板输送机的机头部

1—铲式推移板;2—减速器;3—回煤罩;4—侧卸挡板;
5—犁式卸煤板;6—主、副倾斜中板;7—推移架;8—连接筒;9—电动机

(2)垂直转弯式刮板输送机

这是一种机身能转90°,把工作面输送机与顺槽转载机连成一体的机型,如图1-8所示。这种装置只适用于中单链型刮板输送机,它的机头在顺槽内,采煤机可以运行到工作面端头采煤,端头处没有转载产生的煤尘。

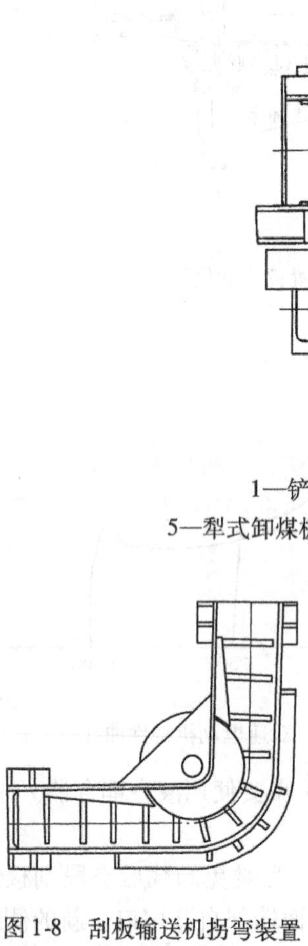

图1-8 刮板输送机拐弯装置

(二)机尾部

机尾部可分为有驱动装置和无驱动装置两种。有驱动装置的机尾部,因机尾不需卸载高度,除机尾架比机头短矮外,其他部件与机头部相同。无驱动装置的机尾部,尾架上只有供刮板链改向用的机尾轴部件,机尾轴上的链轮也可用滚筒代替。

(三)溜槽及附件

溜槽是刮板输送机的主体,用于承载和作为采煤机的轨道。溜槽有中部槽、调节槽、连接槽(或过度槽)等类型。工作面刮板输送机溜槽靠煤壁侧安装挡板,以提高装载力;靠煤壁侧安装铲煤板,以清扫机道,便于输送机推向煤壁。挡煤板和铲煤板属于附件。

1. 中部槽

中部槽是刮板输送机的机身。如图1-9所示,由槽帮钢和中板焊接而成。上槽为装运物料的承载槽,下槽有敞底式和封底式两种,供刮板链返程用。封底式可减小刮板链返程阻力或用于松软底版,但给安装和维修带来困难。因此,可采用几节封底槽间隔一节有可拆中板的检修槽的办法,以减小困难。

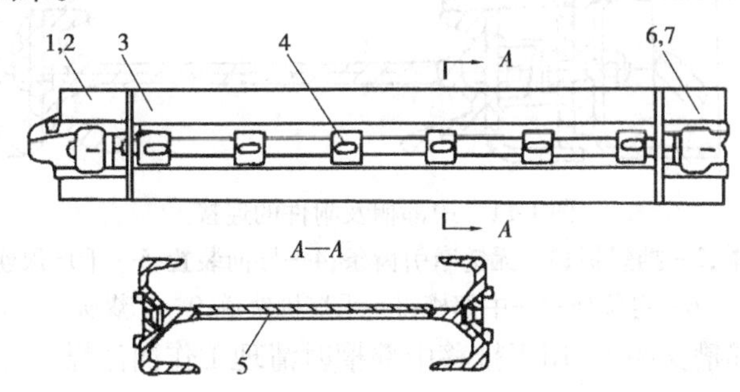

图1-9　中部槽

1,2—高锰钢凸端头;3—槽帮钢;4—支座;5—中板;6,7—高锰钢凹端头

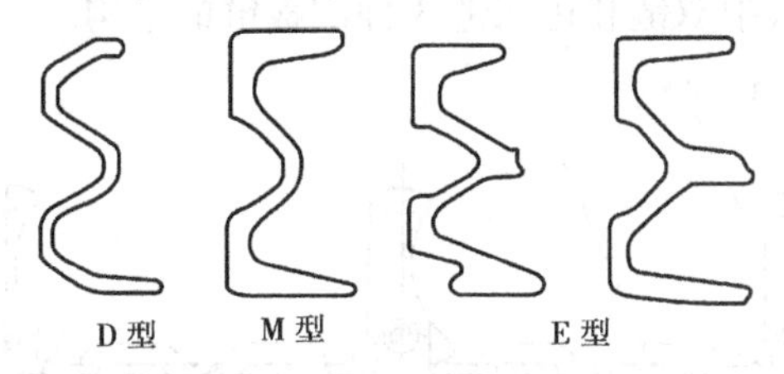

图1-10　槽帮钢的断面形状

中部槽的形式有中单链型、边双链型、中双链型3种。除用于轻型刮板输送机的中单链采用冷压槽帮钢外其他都用热轧槽帮钢。如图1-10所示为定型标准槽帮钢断面形状,其中,D型为中单链刮板输送机使用;E型为中单链和中双链型使用,边双链型也可使用;M型为边双链型使用。E型与M型相比不仅中板宽度减小增大了刚度,同时也便于焊接,刮板链条也不磨焊缝。

2. 调节槽、过渡槽(或连接槽)

调节槽与中部槽结构基本相同,用来调节刮板输送机的长度,以适应工作面长度的变化的需要,有500 mm和1 000 mm两种长度。

过渡槽(或连接槽)用于机头架和机尾与中部槽的过渡或连接。使机头架、机尾架和中部槽连为整体。

3. 挡煤板和铲煤板

如图1-11所示,挡煤板是一个多功能组合件。它安装在工作面刮板输送机采空区一侧槽帮的支座上,用以增加溜板槽货载断面,防止向采空区落,为采煤机导向、敷设和保护电缆及各种管线,并为推移千斤顶提供联接点。

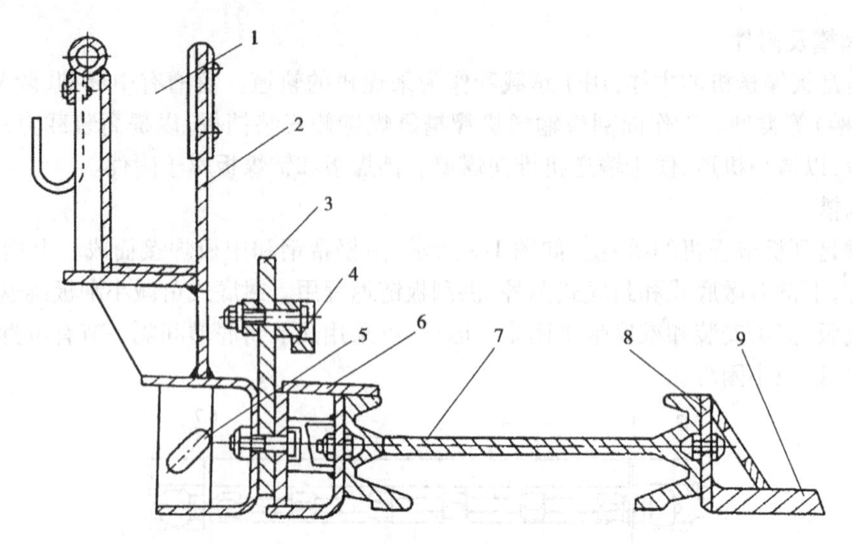

图 1-11　中部槽及附件的连接

1—电缆槽;2—挡煤板;3—无链牵引齿条;4—导向装置;5—千斤顶连接孔;
6—定位架;7—中部槽;8—采煤机轨道;9—铲煤板

铲煤板固定在中部槽支座上,用于推移中部槽时清理工作面浮煤。

(四)刮板链

刮板链由链条和刮板组成。是刮板输送机的牵引构件,具有推移货载的功能。图 1-12、图 1-13、图 1-14 分别为中单链、中双链和边双链 3 种刮板链的结构。

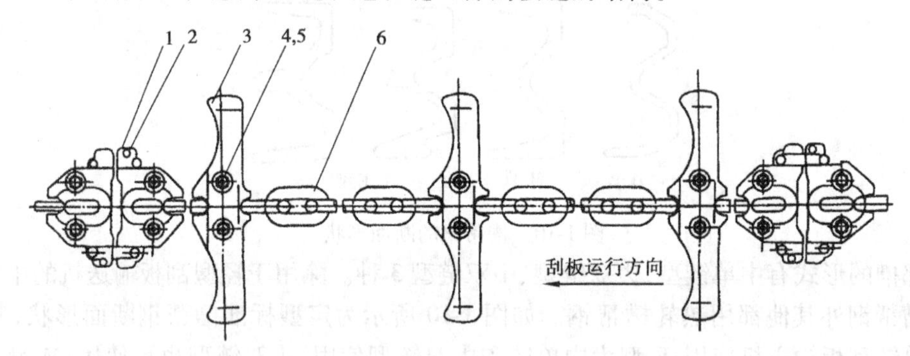

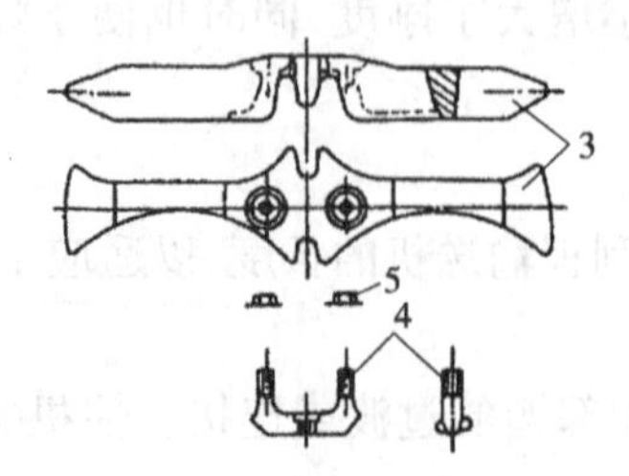

图 1-12　中单式链式刮板链

1—接链器;2—开口销;3—刮板;4—U 形螺栓;5—自锁螺母;6—圆环链

刮板链为高强度圆环链。国家标准对其形式、基本参数及尺寸、技术要求、试验方法及验收规则都做了规定。标准规格有 7 种:10 × 40,14 × 50,18 × 64,22 × 86,24 × 86,26 × 92,30 ×08。按强度分为 B,C,D 3 个等级,D 级强度最高,B 级强度最低,C 级居中。

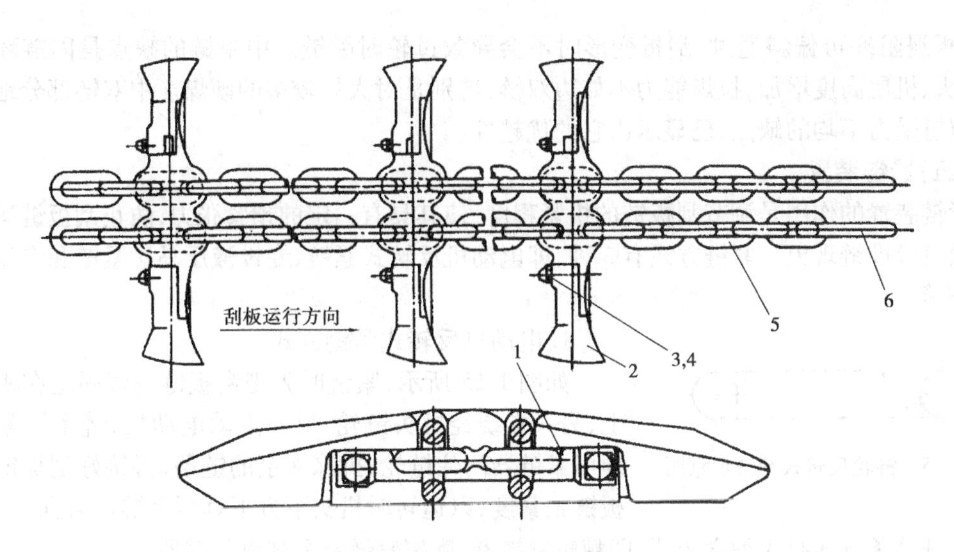

图1-13 中双链式刮板链

1—卡链横梁;2—刮板;3—螺栓;4—螺母;5—圆环链;6—接链环

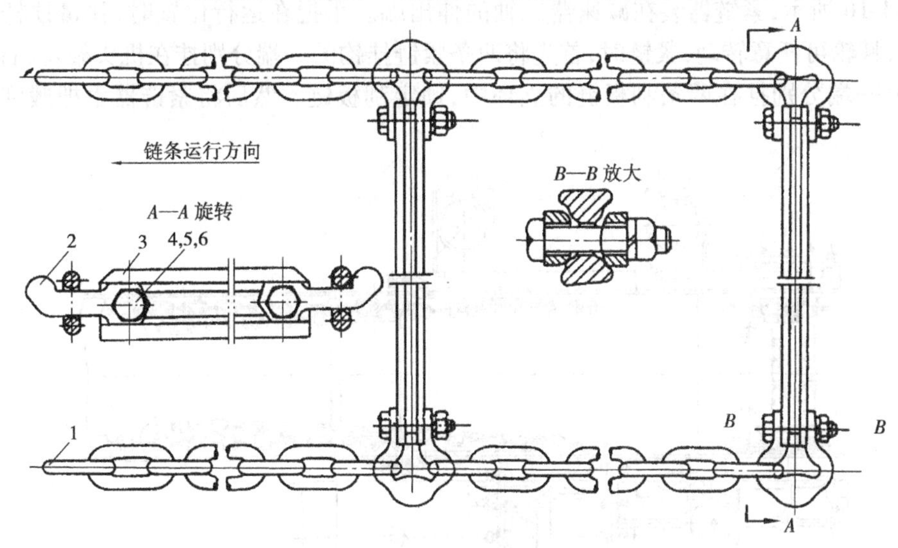

图1-14 边双链式刮板链

1—圆环链;2—接链环;3—刮板;4,5,6—螺母、弹簧垫圈

刮板采用扎制异形钢锻造或铸造合金钢经韧化热处理制成。如图1-14所示的刮板,链条不与中板接触,两侧与槽帮形状相同。使刮板清帮效果较好。

刮板输送机使用的链条是由若干个链节用接链器联接而成的。对于中单或中双链可使用长链段链条,其接头少,可减少接头事故,但必须配备不同长度的调节链段,以适应输送机长度的变化。14×50的链条,其出厂长度有9.75 m和4.75 m两种规格,另配有2.35 m和1.15 m的短链段和3,5,7,9环的短链;26×92的链条,标准链段为18.31 m,另配有多种长度的调节链。对于边双链,多使用短链段链条,其规格有11环、13环和15环等长度等级。

比较目前使用的3种刮板链:边双链拉煤能力强,特别对大块较多的硬煤,但其两链受力不均,尤以中部槽弯曲运行时更为严重。中单链用大直径圆环链,强度高受力均匀,短链事故少,刮板遇阻塞可偏斜通过,刮板变形时不会导致过轮时跳链。中单链的缺点是因链环尺寸大,机头、机尾高度增加,拉煤能力不如边双链,特别是对大块较多的硬煤。中双链部分地克服了边双链受力不均的缺点,已显示出它的优越性。

(五)紧链装置

紧链装置的作用是调节刮板链的松紧程度,使其具有一定的预紧张力,防止刮板链运行时发生松链或堆链现象。紧链方式有3种,即电动机反转式紧链、专设液压马达紧链和专设液压缸紧链等。

1. 电动机反转式紧链方式

图1-15　链轮反转式紧链示意图

如图1-15所示,紧链时先把刮板链一端固定在机头架上,另一端绕经机头链轮,反向点动电动机,链条拉紧时立即用紧链器闸住链轮,拆除多余的链条,再接好刮板链。刮板链张紧度,以运转时机头下方下垂两个链环为宜。

这种链条方式有3种紧链器,即棘轮紧链器、摩擦紧链器和闸盘紧链器。

(1)棘轮紧链器

如图1-16所示,紧链器装在减速器二轴的伸出端。手把在运行位置时,弹簧顶杆使插爪脱离棘轮,棘轮可任意转动;紧链时,首先将两条紧链挂钩的一端分别挂在机头架左、右侧板的圆孔内,另一端分别挂在两条刮板链的立环中,锁定刮板链。然后将紧链器手把搬到紧链位

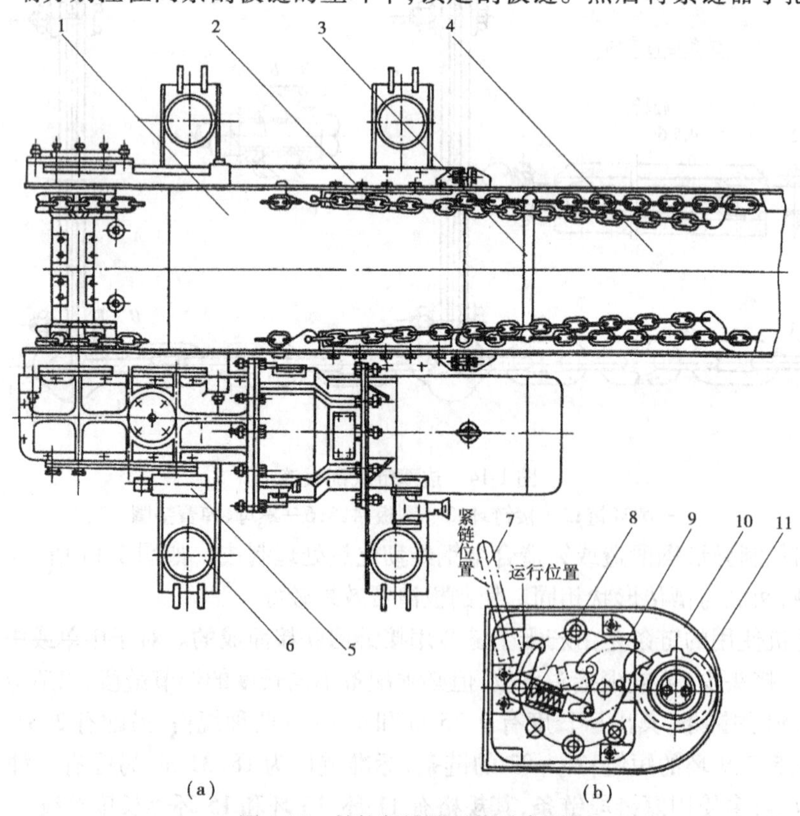

图1-16　棘轮紧链器工作示意图

1—机头;2—紧链挂钩;3—刮板链;4—过渡槽;5—紧链器;6—推移架;
7—把手;8—弹簧拉杆;9—棘爪;10—底座;11—棘轮

置,插爪被弹簧顶杆顶入棘轮齿根,反向点动电动机使机头链轮反转,受棘爪限制,电机停转而链条不松,实现拆链和接链工序。当接链完成后,在反向电动机的同时将手把复位到运行位置,插爪脱开棘轮,拆除紧链挂钩即可正常运行。

棘轮紧链器用于轻型刮板输送机。

(2)摩擦紧链器

如图1-17所示,紧链器制动轮装在减速器二轴伸出端。紧链时,挂好紧链挂钩。反向点动电动机时,搬动手把,经偏心轮、推动套使闸带闸住制动轮,减速器制动,从而实现拆链接连工序。然后松开制动手把,正向点动电动机,取下紧链挂钩即可正常运行。

摩擦紧链器用语轻型和中型刮板输送机。

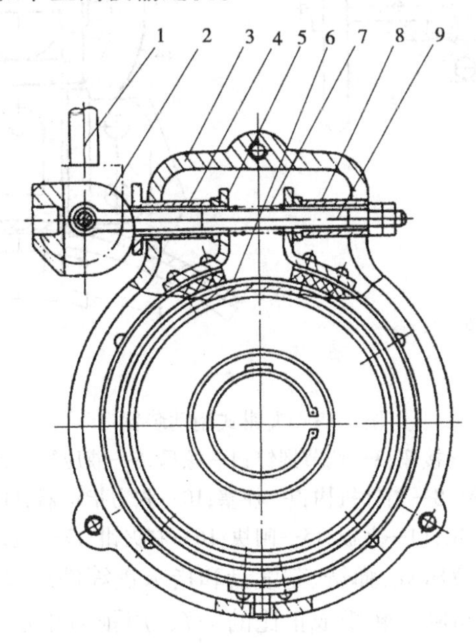

图1-17 摩擦紧链器

1—手把;2—偏心轮;3—外壳;4,8—套;5—闸带;6—制动轮;7—弹簧;9—拉杆

(3)闸盘紧链器

闸盘紧链器由闸盘和制动装置组成,如图1-18所示。闸盘装在减速器一轴上,夹钳式制动装置装在液力耦合器的连接罩上。

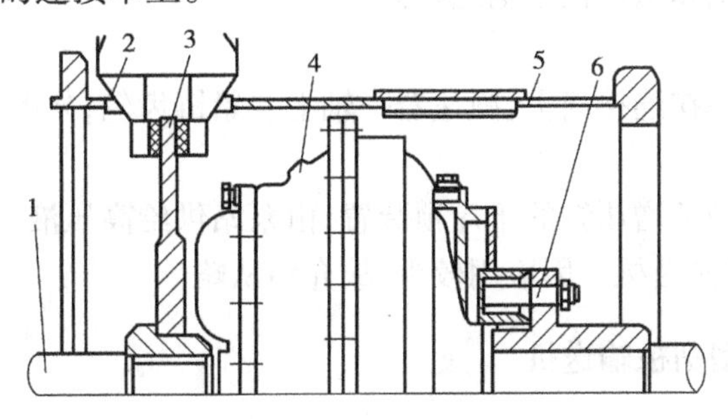

图1-18 闸盘紧链器

1—减速器;2—夹钳式制动装置;3—闸盘;
4—液力耦合器;5—连接罩;6—弹性联轴器

夹钳式制动装置由手动夹紧机构和张紧力(紧链力)指示器组成,如图 1-19 所示。制动时,顺时针转动手轮 13,丝杠 12 使柱塞 9 向前移动,液压缸 5 内产生压力,推动油缸前移,使左夹嵌 17 以销轴 1 为支点向夹紧闸盘 18 的方向转动。同时轴套 11 向后移动,使右夹嵌 16 以一销轴 1 为支点,向夹紧闸盘 18 的方向转动。这样,夹嵌上的闸块 15 便对闸盘产生了制动力,也就对减速器产生了制动力。

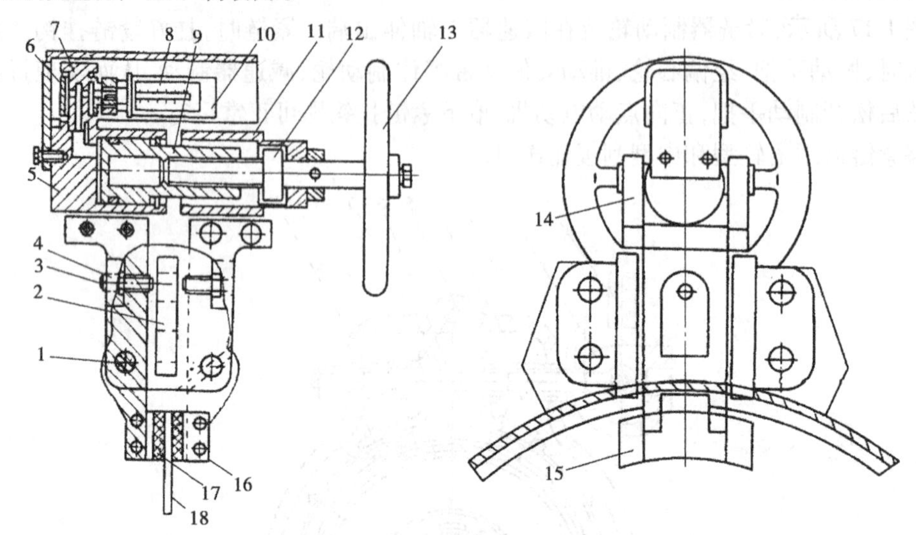

图 1-19　夹钳式制动装置

1—销轴;2—连接座;3—调节螺钉;4—螺母;5—液压缸体;6—三通;
7—空心螺钉;8—指针机构;9—柱塞;10—张力指示器;11—轴套;
12—丝杠;13—手轮;14—夹板;15—闸块;16—右夹钳;17—左夹钳;18—闸盘

张力指示器 10 由柱塞、液压缸、弹簧、刻度盘和指示盘等件组成。它是利用顺时针转动手轮 13 时,对油液产生的压力与闸盘转矩成正比的关系,用张力指示器显示的油压力来等效表示紧链力。它相当于一个具有复位弹簧的液压千斤顶。

紧链时,挂好紧链挂钩,反向点动电动机,待电动机堵转时,立即般动手轮闸住闸盘,切断电源。这时链条张力显示在张力指示器上。根据需要慢慢地反转手轮,放松刮板链到所需张紧力时,立即闸死闸盘。拆除多余的链子,重新接好,松开夹嵌,取下紧链挂钩。

闸盘紧链器用于中型和重型刮板输送机。

2. 液压马达紧链器

液压马达紧链器安装在连接筒上,减速器一轴上装紧链齿轮,如图 1-20 所示。

3. 液压缸紧链器

液压缸紧链器是一种带增压缸的千斤顶装置,由泵站供给高压液,紧链时安装到紧链位置即可使用,用于重型刮板输送机。因应用较少,故介绍从略。

三、SGB-630/150C 型刮板输送机

SGB-630/150C 型刮板输送机适用于缓倾斜中厚煤层普采工作面,可与 DY-150(100),MLD1-170 型采煤机以及单体液压支柱、金属支柱和金属铰接顶梁配套使用。其传动系统如图 1-21 所示。

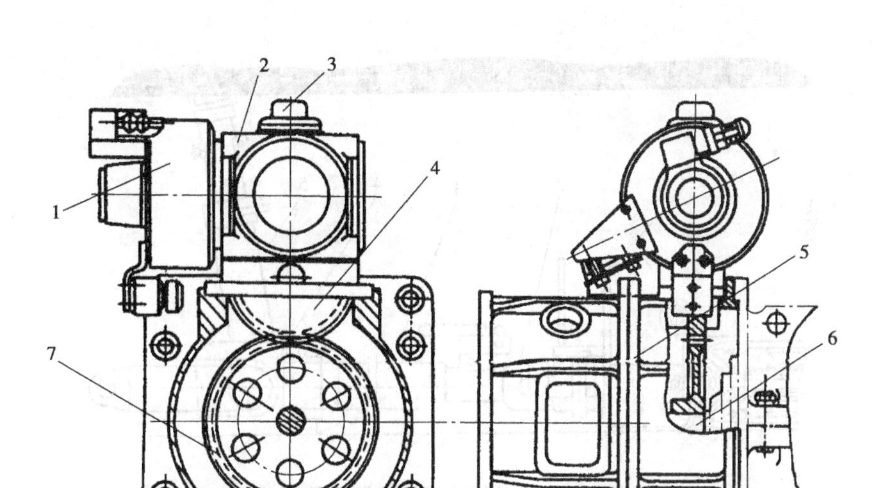

图 1-20 液压马达紧链装置

1—液压马达;2—齿轮箱;3—液控机械闭锁装置;4—惰轮;

5—连接筒;6—减速器输入轴;7—紧链齿轮

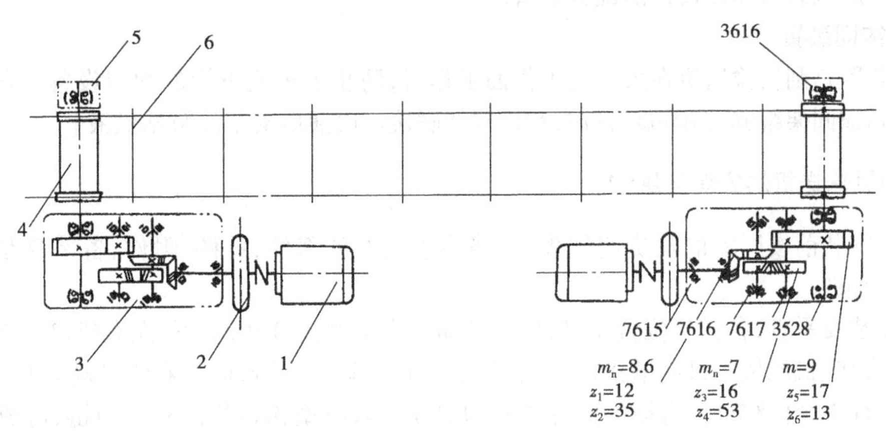

图 1-21 SGB-630/150C 型刮板输送机传动系统

1—电动机;2—液力耦合器;3—减速器;4—链轮;5—盲轴;6—刮板链

(一)推移装置

推移装置是为满足工作面不断推进的需要,按步距推移输送机的装置。综采工作面使用液压支柱架的推移千斤顶,非综采工作面用单体液压支柱推移溜器。单体液压推移溜器沿输送机全长间隔 4.5 m 均匀布置,机头机尾间隔较小。推溜器由乳化液泵站供液。

液压推溜器实为一个液压千斤顶,如图 1-22 所示。工作时将推溜器的活塞杆用插销连到中部槽挡煤板上,再将其底座用支柱撑在顶板上。搬动操纵阀,向活塞一侧注入压力液,活塞杆就将中部槽推向煤壁;向活塞另一侧注入压力液,缸体和支座向前收回。

液压推溜器有 A,B,C 3 种形式,其区别在于供液系统。A 型具有单独的高压进液管和低压回液管(返回液箱);B 型只有单独的高压供液管,回液排至工作面,若在高压管上连接注液枪,可供外注式单体液压支柱用液;C 型与外注式单体液压支柱共用一套供液系统,用注液枪供液,回液排至工作面。

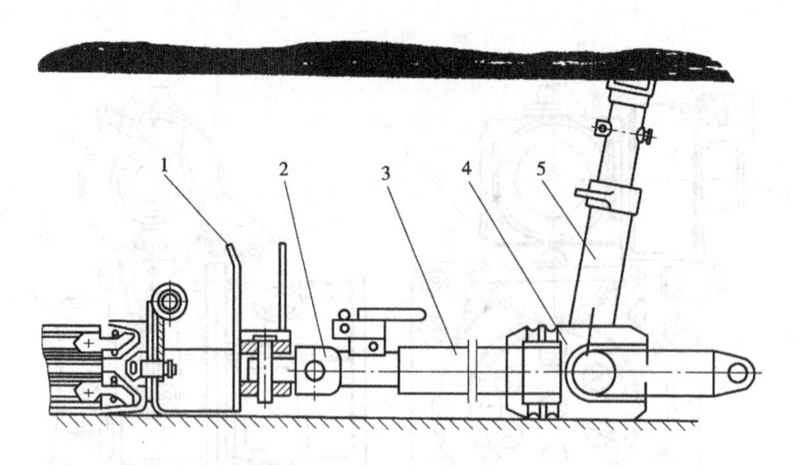

图 1-22　单体液压推溜器安装图

1—挡煤板;2—活塞杆接头;3—缸体;4—底座;5—斜撑支柱

(二)挡煤板

刮板输送机的挡煤板有Ⅰ,Ⅱ,Ⅲ,Ⅳ型挡煤板。Ⅰ型挡煤板为人工卷电缆;Ⅱ型为采煤机自卷电缆;Ⅲ型为配套 MLS-170 型单滚筒采煤机而设计的挡煤板,采煤机自卷电缆;Ⅳ型是为综采厚煤层放顶煤工作面设计的配套设备。

(三)锚固装置

锚固装置是刮板输送机在大倾角工作面工作时,防止上窜或下滑的固定设备。它由单体液压支柱和锚固架组成,锚固架与机头和机尾架联接。由液压支架的泵站供液。

四、刮板输送机的安装与维护

(1)在安装前按厂家的发货明细表,严格检查核对各部件、零件、附件、备件及专用工具等,应完整无缺。

(2)安装要平直,各部件位置正确,联接可靠。中部槽接口处,上下、左右错口量不应大于 3 mm。机头架、机尾架与过渡槽接口处,上下错口量不应大于 2 mm,左右错口量不大于 3 mm。

(3)发现不合格和过度磨损的链环要立即更换。双链型输送机的长刮板链,应成对选配安装或更换。

(4)刮板链的预紧力要适当,满载时,机头回空链应稍有下垂,双链下垂量为 50 ~ 150 mm,单链为 20 ~ 100 mm。

(5)推移输送机时,弯曲部分距采煤机的距离不得小于 15 m,弯曲段长度不得小于 12 m,弯曲段要圆滑,不得有急弯,以免出现溜槽错口,造成断链掉道等事故。

(6)按使用说明规定的内容进行日常检查和润滑。

(7)液力耦合器的充液量要准确,并经常检查,使之与电动机匹配正确。

(8)为防止输送机启动困难,在采煤机截割前应先启动刮板输送。

任务2 刮板输送机的选型计算

刮板输送机的选择计算主要内容如下：

①输送机运输能力的计算。

②输送机运行阻力和电动机功率的验算。

③刮板链的强度计算。

每台刮板输送机都有其技术特征,一般根据厂家给出的说明书选型和安装即可。但必须注意厂家说明书给出的输送机的铺设长度,而现场的实际情况,工作面的倾角、长度是千变万化的,不一定完全符合输送机的技术特征,为此就需要通过计算来确定其运输能力、电动机的功率及链子的强度是否满足要求。在此介绍一般计算原理。

一、运输能力的计算

如图1-23 所示,刮板输送机重段每单位长度上的货载质量当刮板链以速度 v 沿箭头方向运行1 s后,就有 v 米长度的货载从机头 A 处运出,其每秒钟运输能力为

$$m = qv \qquad kg/s$$

每小时运输能力为

$$m = \frac{3\,600qv}{1\,000} = 3.6qv \qquad t/h$$

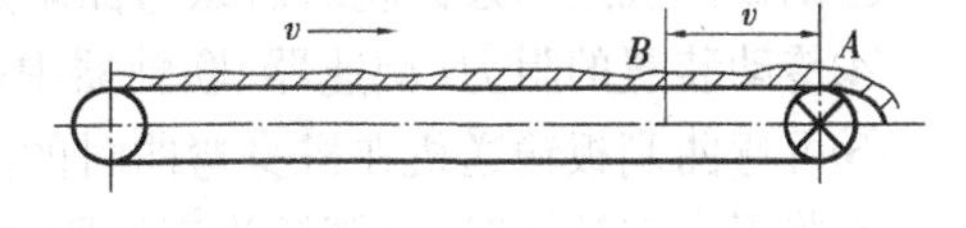

图1-23 运输能力的计算示意图

式中 q——输送机单位长度上货载质量,kg/m;

v——刮板链运行速度,m/s。

q 与溜槽结构尺寸及货载断面积有关。计算时可认为货载沿溜槽中横断面积为 F,则1 m长的溜槽内的货载质量为

$$q = 1\,000F\rho' \qquad kg/m$$

式中 ρ'——煤的松散密度,t/m^3。计算时,一般取 $\rho' = 0.85 \sim 1$。

货载最大横断面积为与溜槽的形式和结构尺寸有关,还与松散煤的堆积角 α' 有关。煤的堆积角一般取 $\alpha' = 20° \sim 30°$。

如图1-24 所示为两种不同的溜槽的货载最大横断面积。

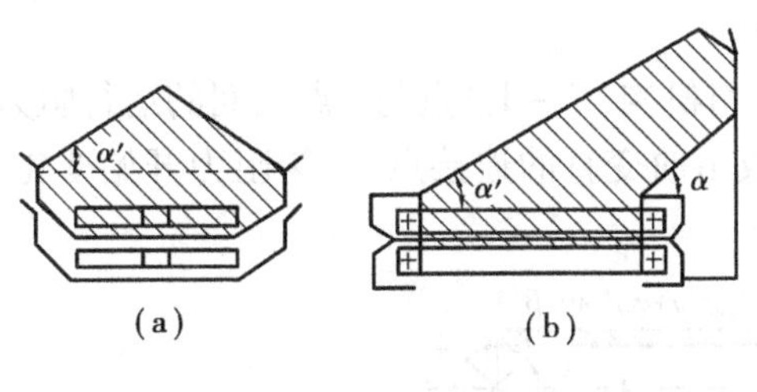

图1-24 溜槽装煤最大横断面积

由于输送机在运行中,刮板链有冲击振动现象,故货载只能装满溜槽断面的一部分,为此,在计算中计入了一个装满系数 ψ,ψ 值见表1-1。因此,1 m溜槽内货载的质量为

$$q = 1\,000F\rho'\psi \qquad kg/m$$

刮板输送机的小时运输能力为

$$m = 3\,600F\rho'\psi v_1 \qquad t/h$$

表 1-1　装满系数 ψ 之值

输送情况	水平及向下运输	向上运输		
装满系数 ψ	0.9～1	5°	10°	15°
		0.8	0.6	0.5

式中　v_1——刮板链与采煤机的相对运行速度，m/s；炮采时：$v_1 = v$；机采时：$v_1 = v \pm \dfrac{v_k}{60}$（采煤机与输送机运行方向相同时取"－"，相反时取"＋"）；

v_k——采煤的牵引速度，m/s。

二、运行阻力与电动机功率的计算

（一）运行阻力的计算

为了验算电动机功率，要计算输送机运行阻力，刮板输送机的运行阻力包括：

①煤及刮板链子在溜槽中移动的阻力。

②倾斜运输时，货载及刮板链子的自重分力（见图 1-25）。

③刮板链绕过两边链轮时链条弯曲附加阻力及轴承阻力。

④传动装置的阻力（减速器、联轴器中的阻力）。

⑤可弯曲刮板输送机在机身弯曲时的附加阻力。

这些阻力在计算时，可概括为直线段运行阻力和弯曲段运行阻力进行计算。然后可利用"逐点计算法"计算刮板链各特殊点张力及主动链轮的牵引力。

所谓逐点计算法，就是将牵引机构在运行中所遇到的各种阻力，沿着牵引机构的运行方向依次逐点计算的方法。

计算原则是从主动链轮的分离点开始沿运行方向，在各个特殊点上依次标号（1,2,3,4,…）若前一点的张力为已知，则下一点的张力等于它前一点的张力加上这两点之间运行阻力，用公式表示，即

$$S_i = S_{i-1} + \omega_{(i-1)i}$$

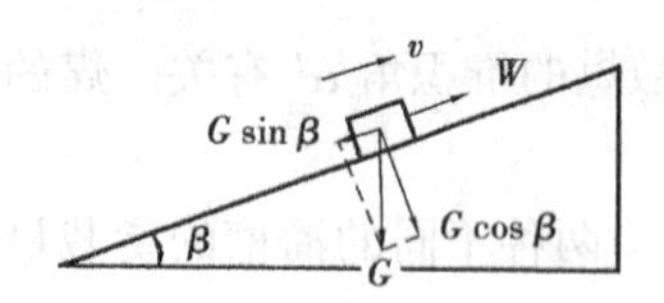

图 1-25　重力与拉力的关系图

式中　S_i——牵引机构 i 点的张力；

S_{i-1}——牵引机构在（$i-1$）点的张力，即 i 点前一点的张力；

$\omega_{(i-1)i}$——牵引机构（$i-1$）点与 i 点之间的运行阻力。

在"逐点计算法"中，所谓特殊点，即由直变曲或由曲变直的连接点，即为阻力开始变化之点。图 1-26 中的 1,2,3,4 点为牵引机构的特殊点。

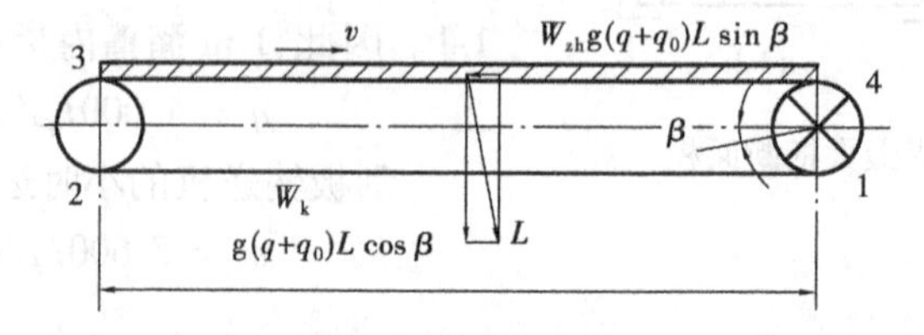

图 1-26　刮板输送机运行阻力示意图

1. 直线段运行阻力

斜面上重力为 G 的物体，其重力分解为下滑分力 $G\sin\beta$ 和对斜面的正压力 $G\cos\beta$；设 f 为物体与斜面间的摩擦系数，则移动物体所需的力为 W（见图1-25），即

$$W = G\cos\beta f \pm G\sin\beta$$

向上移动物体时取"+"，向下移动物体时取"-"。

对输送设备来说，往往不是图示那样简单的平面滑动，而是一个组合件的复杂运动，运转中可能同时有若干个接触面上受到阻力，既有滑动，还可能有滚动。在计算其运行阻力时，为将各个接触面上的阻力都能同时考虑进去，这就不能用一个单纯的摩擦系数来计算，为简化计算，确定一个总的系数，并称为"阻力系数"。

阻力系数的概念仍是物体移动时摩擦阻力与正压力之比。其数值与输送设备的构造及工作条件有关。煤及刮板链在溜槽中移动的阻力系数见表1-2。

表1-2　煤及刮板链在溜槽中移动阻力系数

阻力系数 / 类　型	煤在溜槽中的移动阻力系数 ω	刮板链在溜槽中移动阻力系数 ω_0
单链刮板输送机	0.4~0.6	0.25~0.4
双链刮板输送机	0.6~0.8	0.2~0.35

注：1. 单链并列式刮板输送机（如SGB-13型）阻力系数，可适当加大一些。

2. 表中给出的阻力系数为工作面底板平坦，输送机铺设平直条件下的数值；在底板不平坦，输送机铺设不平直条件下可适当加大一些。

如图1-26所示，设刮板链单位长度质量为 q_0，货载在溜槽中的单位长度质量为 q，输送机铺设倾角为 β，整个输送机铺设长度为 L，则刮板输送机的直线段阻力（包括重段运行阻力和空段运行阻力）。

重段阻力 W_{zh} 为

$$W_{zh} = g(q\omega + q_0\omega_0)L\cos\beta \pm g(q + q_0)L\sin\beta$$

空段阻力 W_k 为

$$W_k = gLq_0(\omega_0\cos\beta \mp \sin\beta)$$

式中　q_0——刮板链单位长度质量，kg/m；

q——货载单位长度质量，kg/m；

ω_0,ω——刮板链及煤与溜槽间阻力系数，其值按表1-2选取。

2. 曲线段运行阻力

牵引机构绕经运输设备的曲线段时，如刮板链绕经链轮、胶带绕经滚筒等都会产生运行阻力，这种运行阻力，称为曲线段运行阻力。它主要由牵引机构的刚性阻力，滑动于滚动阻力、回转体的轴承阻力，链条与链轮轮齿间的摩擦阻力等组成，这些阻力计算起来相当烦琐，故在计算时通常都采用经验公式计算。

刮板链绕经从运链轮或从动滚筒时曲线段阻力，为从动链轮或从动滚筒相遇点张力 S'_y 的0.05~0.07倍，即

$$W_{从} = (0.05 \sim 0.07)S'_y$$

式中　$W_{从}$——从动链轮曲线段阻力,N;

S'_y——从动链轮相遇点张力,N,如图1-27中的S_2。

刮板链绕经主动链轮时的曲线段阻力,为主动链轮相遇点张力S_y与相离点张力S_1之和的0.03～0.05倍,即

$$W_{主} = (0.03 \sim 0.05)(S_y + S_1)$$

对于可弯曲刮板输送机,刮板链在弯曲的溜槽中运行时,弯曲段将产生附加阻力,弯曲段的附加阻力可按直线段运行阻力的10%考虑。

(二)牵引力及电动机功率

1.最小张力点的位置及最小张力值的确定

在按照"逐点计算法"计算牵引机构上各特殊点的张力来确定设备的牵引力,从而验算电动机功率及刮板链强度时,刮板链上最小张力点的位置及数值的大小,在计算中是必须进行确定的。最小张力点的位置与传动装置的布置方式有关。

对于单端布置传动装置的布置方式,水平运输时,最小张力点一定在主动链轮的分离点,如图1-27所示中1点的张力$S_1 = S_{min}$;对于倾斜向下运输如图1-27(a)所示(工作面刮板输送机一般都是倾斜向下运输)且重段阻力为正值时,根据"逐步计算法"分析知

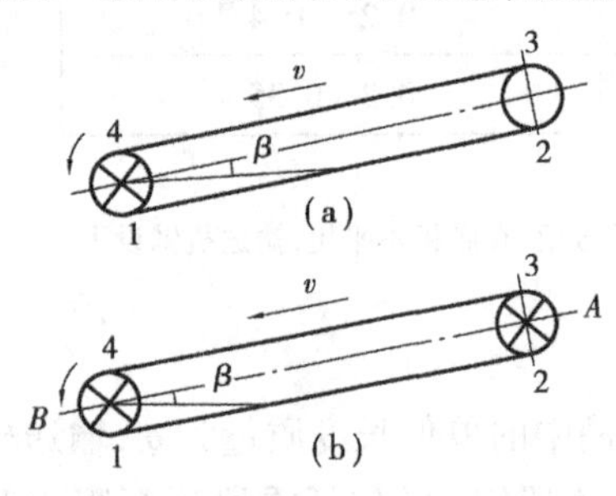

图1-27　传动装置的布置方式

$$S_2 = S_1 + W_k$$

$$W_k = g\rho_0 L(\omega_0 \cos\beta + \sin\beta)$$

因为　$W_k > 0$

故　$S_1 = S_{min}$

结论:对于单端布置传动装置的具有挠性牵引机构(刮板输送机、胶带输送机等)的运输设备,在电动机运转状态下,当$W_k > 0$时,主动链轮或主动滚筒的分离点为最小张力点,即$S_1 = S_{min}$;当$W_k < 0$时,S_2为最小张力点张力,即

$$S_2 = S_{min}$$

对于两端布置传动装置的布置方式,最小张力点的位置要根据不同情况进行分析。如图1-27(b)所示情况中,当重段阻力为正值时,每一传动装置主动链轮(或主动滚筒)相遇点的张力均大于其分离点的张力。因此,可能的最小张力点是主动轮分离点1或3点,这需由两端传动装置的功率比值及重段、空段阻力的大小而定。

设A端电动机台数n_A台,B端为n_B台,总电动机台数为$n = n_A + n_B$,各台电动机特征都相同,牵引机构总牵引力为W_0,则A端牵引力为$W_A = \frac{W_0}{n}n_A$;B端牵引力为$W_B = \frac{W_0}{n}n_B$。

由"逐点计算法",得

$$S_2 = S_1 + W_k$$

$$S_2 - S_3 = W_A = \frac{W_0}{n}n_A$$

$$S_1 + W_k - S_3 = \frac{W_0}{n}n_A$$

结论:当$W_k - \frac{W_0}{n}n_A > 0$时,$S_3 > S_1$,最小张力点在1点,$S_1 = S_{min}$;当$W_k - \frac{W_0}{n}n_A < 0$时,

$S_1 > S_3$，最小张力点在3点 $S_3 = S_{min}$。

为了限制刮板链垂度，保证链条与链轮正常啮合平稳运行，刮板链每条链子最小张力点的张力，一般可取2 000～3 000 N，可由拉紧装置来提供。

2. 牵引力

如图1-24所示布置的为双链刮板输送机，其主动链轮的分离点1为最小张力点，由“逐点计算法”得

$$S_1 = S_{min} = 2 \times (2\,000 \sim 3\,000)$$

$$S_2 = S_1 + W_k$$

$$S_3 = S_2 + W_{从}$$

$$= S_2 + (0.05 \sim 0.07)S_2 = (1.05 \sim 1.07)S_2$$

$$S_4 = S_3 + W_{zh} = (1.05 \sim 1.07)\,S_2 + W_{zh}$$

主动链轮的牵引力为

$$W_0 = (S_4 + S_1) + W_{主} = (S_4 - S_1) + (0.03 \sim 0.05)(S_4 + S_1)$$

按逐点计算法比较麻烦，故牵引力也可做作粗略计算，即曲线段运行阻力按直线段运行阻力10%考虑，则牵引力为

$$W_0 = 1.1(W_{zh} + W_k)$$

对于可弯曲刮板输送机，在计算运行阻力时，还要考虑由于机身弯曲导致刮板链和溜槽侧壁之间的摩擦而产生的附加阻力，为简化计算，该附加阻力用一个附加阻力系数 ω_f 计入，故可弯曲刮板输送机的总牵引力为

$$W_0 = 1.1\omega_f(W_{zh} + W_k)$$

$$= 1.1 \times 1.1(W_{zh} + W_k)$$

$$= 1.21(W_{zh} + W_k)$$

式中　ω_f——附加阻力系数，一般取 $\omega_f = 1.1$。

3. 电动机功率计算

(1)对于定点装煤的输送机，电动机轴上的功率为

$$N = \frac{W_0 v}{1\,000\eta}$$

式中　η——传动装置的效率，一般为 $\eta = 0.8 \sim 0.85$。

(2)对于与采煤机联合使用的刮板运输机轴上的功率，因为采煤机的移动，输送机的装载长度是变化的，故运行阻力及电动机功率也是变化的，如图1-28(a)所示，当采煤机在下部机头 B 点未装煤时，此时输送机空运转，输送机的负荷最小，电动机有最小功率值 N_{min}；随着采煤机向上移动，溜槽装煤长度不断增大，负荷随着增大，当采煤机到达上方终点 A 处时，输送机的负荷达到最大值，故此时电动机功率有最大值 N_{max}，这种变化可用图1-28(b)表示。OB 表示采煤机在 B 处时输送机空运转时的功率 N_{min}，OA 表示采煤机移至终点 A 处时输送机最大功率 N_{max}，T 表示输送机的工作循环延续时间(即采煤机由 B 处移至 A 处的运行时间)，OC 表示工作中某一时间 t 对应输送机电动机功率 N_t，在这种情况下，电动机的功率应按等效功率 N_d 来计算

$$N_d = \sqrt{\frac{\int_0^T N_t^2 dt}{T}} \approx 0.6\sqrt{N_{max}^2 + N_{max}N_{min} + N_{min}^2}$$

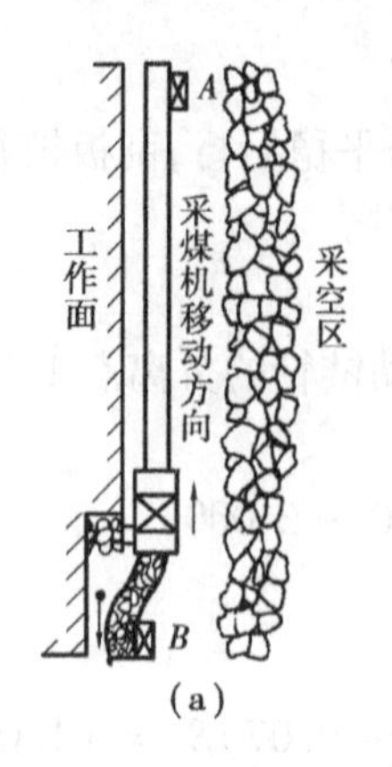

(a)

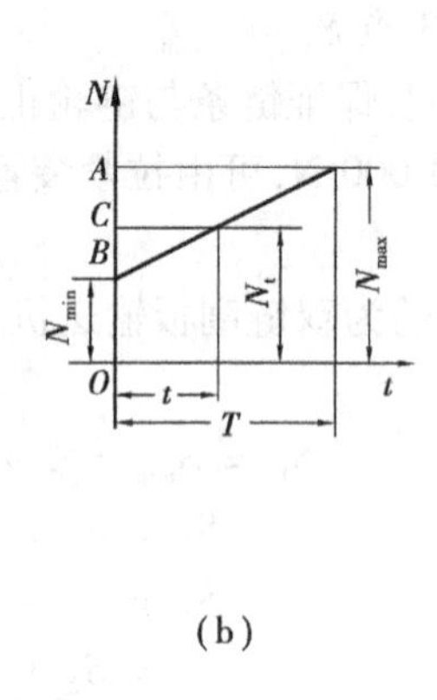

(b)

图 1-28　机采工作面货载变化示意图

式中　M_{max}——输送机满负荷时电动机的最大功率值；

N_{min}——输送机空转时电动机的最小功率，按下式计算

$$N_{min} = \frac{2(1.1\omega_f q_0 L\omega_0 \cos\beta)vg}{1\ 000\eta}$$

$$= \frac{2(1.1 \times 1.1 q_0 L\omega_0 \cos\beta vg}{1\ 000\eta}$$

$$= \frac{q_0 L\omega_0 \cos\beta vg}{413\eta}$$

根据计算所得到的电动机轴上的功率确定输送机所需电动机功率及安装台数时，还应考虑15% ~20%的备用功率。

另外，如果输送机运输能力能够满足要求，用下式可以根据电动机的功率粗略地计算这台可弯曲刮板输送机能够达到的最大运输长度

$$L = \frac{1\ 000\ N\eta}{1.21[q(\omega\cos\beta \pm \sin\beta) + 2q_0\omega_0\cos\beta]gv}$$

必须说明，上述有关电动机功率的计算方法和计算公式，是目前我国刮板输送机的制造厂家和煤矿设计部门通用的计算方法。实践证明，利用“电动机的等效功率 N_d”作为选用刮板输送机所应配备的电动机功率的依据，这还是很不妥善的，原因是作为机器的制造厂家是以 N_d 为依据来配备电动机功率，煤矿设计和使用设备的部门则是以刮板输送机的具体使用条件而以 N_d 为依据来验算电机的功率。双方均未提出对电动机进行温度验算证明，致使我国煤矿国产刮板输送机在实际运转中，电机过载受损情况严重，电机烧毁事故屡屡发生。为此，有关设计研究部门对此进行了大量研究工作，提出应以实际最大功率 N_{max} 作为选用电动机功率的依据，如有关刮板输送机制造厂家已将 SGW-40T 型刮板输送机原配备的 40 kW 电动机提高到 55 kW，经现场使用，效果很好。

三、刮板链强度的验算

验算刮板链的强度，需先算出链条最大张力点的张力值，最大张力的计算与传动装置的布置方式有关。

对于一端布置传动装置的链子的最大张力点，一般是在主动链轮的相遇点，最大张力点的张力 S_{max} 可按“逐点计算法”求出，也可按下式简便计算

$$S_{\max} = W_0 + S_{\min}$$

式中　W_0——主动链轮牵引力，N。

对于两端布置传动装置，则必须严格按照“逐点计算法”，计算出最大张力点的张力。

确定出链子的最大张力点的张力后，以此最大张力来验算链子的强度。刮板链的抗拉强度以安全系数 k 来表示。

对于单链输送机应满足下式

$$k = \frac{S_p}{S_{\max}} \geqslant 4.2$$

对于双链输送机应满足下式

$$k = \frac{2\lambda S_p}{S_{\max}} \geqslant 4.2$$

式中　k——刮板链抗拉强度安全系数；

S_p——一条刮板链的破断力，N；由刮板输送机的技术特征表中查得；

λ——两条链子负荷分配不均匀系数，模锻链 $\lambda = 0.65$，圆环链 $\lambda = 0.85$。

任务3　刮板输送机的安装与故障分析

刮板输送机在工作面上的安装是一项非常繁重、技术性要求比较高的工作，必须按照一定的顺序进行，以保证工作快速、高效、优质。另外，对刮输送机加强维护、坚持预防性检修，就能使刮板输送机不出或少出故障。一旦发生故障，就要做到正确判断、迅速处理，把事故的影响缩小到最低限度。而对刮板输送机故障的判断，一是根据前面学到的有关刮板输送机结构、原理等基本知识；二是结合现场实践经验来进行综合判断。本任务主要是培养学生分析问题、解决问题的能力。

刮板输送机在运转过程中最容易出现电动机过负荷，从而导致电动机和减速器温升过高甚至拉断刮板链等事故。怎样才能杜绝或减少这类事故的发生呢？这就要求对刮板输送机加强维护，通过定期巡回检查可发现许多故障，将故障处理在发生之前；通过定期检修可以根据设备的运行规律，对其进行周期性维护保养，以保证设备的正常运行。那么，如何才能在机器发生故障时及时的找出原因并进行处理呢？首先要掌握判断故障的基本知识，唯有正确判断故障，才有可能做到正确地处理故障。

一、刮板输送机的安装与试运转

（一）安装前的准备工作

（1）刮板输送机在运往井下之前，参加安装、试运转的人员应熟悉该机的结构、动作原理、安装程序和注意事项。

（2）按照制造厂的发货细表，对各部件、零件、备件以及专用工具等进行核对检查，应完整无缺。

（3）在完成上述检查之后，在地面对主要传动装置进行组装，并做空负荷试运转，检查无误时方能下井安装。

(4)现场安装前对一切设备再进行一次检查,特别是对传动装置,包括电动机、减速器、机头轴等重点进行检查,若发现有损坏变形部件应及时进行更换。

(5)对于不便拆卸和需要整体下井的部件,在矿井允许的情况下应整体运送。在运送前整体部件的紧固螺栓应联接牢固。各部件下井之前,应清楚地标明运送地点(如下顺槽或上顺槽等)。

(6)准备好安装工具及润滑脂,常用工具有钳子、扳手等。

(7)在运输槽或工作面内,刮板输送机的机道要求平直。

(二)铺设安装

1. 安装顺序

工作面刮板输送机的安装方法应根据各矿井运输条件和工作面特点,从实际出发来决定。安装顺序为:机头部→中间槽→刮板链的下链→机尾部→刮板链的上链→上挡煤板、电缆槽和铲煤板等附件。

上述安装工序决定了刮板输送机各部件应放置的地点。当安装地点在回采工作面时,应首先把机尾部、机尾传动装置和挡煤板、铲煤板等附件先运到上顺槽;把机头部、机头转动部、机头传动装置、机头过渡槽及全部溜槽和刮板链等组件运到下顺槽;然后按安装顺序将所有溜槽及刮板链依次运进工作面,并在安装位置排开(也可全部由上顺槽运入,依次排开)。铲煤板、挡煤板及其他附件,待输送机主体安装并调好后再由输送机从上顺槽运到安装位置。为安全起见,当从输送机上卸这些附件并向机体内安装时必须停机。在将全部零件运往安装位置时,要注意零件的彼此安装顺序和它本身的方向正确(如中间槽的连接头方向应一律朝前)。

2. 安装工艺及要求

(1)机头部

机头部的安装质量与刮板输送机能否平稳运行关系甚大,必须要求其牢固可靠。在机头架上的主轴链轮未挂链之前,应保证其转动灵活。装链轮组件时,要保证双边链的两个链轮的轮齿在相同的相位角上,否则将会影响刮板链的传动,并可能造成事故。起吊传动装置的起吊钩,要挂在电动机和减速器的起重吊环上,切不可挂在连接罩上。传动装置被起吊后,用撬棍等工具将其摆正,再用木垛、木楔将其垫平,将减速器座与机头架联接处垫上安装垫座。该座的作用一般是使传动装置与机身保持一定距离,便于采煤机能骑上机头,实现自开切口。将减速器外壳侧帮耳板上的4个螺孔处穿入地脚螺栓,把它固定在机头架的侧帮上。电动机通过连接罩与减速器固定并悬吊起来,而后按安装中线再一次用撬棍将机头摆正。按安装中线校正机头的方法是:一个人站在机头架的中间处,同另一个站在机尾处的人用矿灯对照,借光线使机头架的中心线与机道的安装中线重合即可。

(2)中间尾部及机尾部

过渡槽安装好之后,将刮板链穿过机头架并绕过主动轮,然后装接第一节中间槽。其方法是:先将刮板链引入第一节溜槽下边的导向槽内,再将刮板链拉直,使溜槽沿刮板链滑下去,并与前节溜槽相接。然后,用同样的方法继续接长底链,使之穿过溜槽的底槽,并逐节地把溜槽放到安装的位置上,直至铺设到机尾部。

将机尾部与过渡槽对接妥当后,可将刮板链穿过过渡槽,从机尾滚筒(或带有传动装置的机尾传动链轮)的下面绕上来放到中板上,继续将刮板链接长。先将接长部分的刮煤板倾斜放置,使链条能顺利地进入溜槽的链道,然后再将其拉直。依此方法将上刮板链一直接到机头架。在这之后进行紧链，并根据需要调整刮板链的长度，最后将上链接好。为减少紧链时间，在铺设刮板链时要尽量将刮板链拉紧。在安装过程中应注意如下事项：

①安装刮板链时，要注意按已做好的标志进行“配对”安装，否则会影响双边链条的受力均匀和链条与链轮之间的啮合情况。

②在装配上溜槽时，连接环的突起部位应朝上，竖链环的焊接对口应朝上，水平连接的焊接对口应朝向溜槽的中心线，且不许有扭花的现象。

③在安装中，应避免用锯断链环的办法取得合适的链段长度，而应用备用的调节链进行调整。

（三）试运转

1. 试运转前的检查

刮板输送机在试运行之前应重点进行下列检查。为安全起见，检查前应切断电源并进行闭锁。

（1）初次安装时，机体要直，沿机身均匀取10点进行检查，其水平偏差不应超过150 mm；垂直方向接头应平整、严密、不超差；接头不平度规定不超过3～4 mm，角度不超过3°～4°。

（2）各部分螺栓、垫圈、压板、顶丝、油堵和护罩等须完整、齐全、紧固。

（3）液力耦合器、减速器、传动连、机头、机尾和溜槽等主要机件要齐全、完整。

（4）电气系统开关接触良好、工作状况可靠，电气设备有良好的接地。

（5）减速器、液力耦合器、轴承等润滑良好，符合要求。

2. 试运行

若以上检查没有发现问题，即可进行试运转。试运转分空载及负载运转两步进行。先进行空载运转，开始时断续启动电动机，开、停试运，当刮板链转过一个循环后再正式转动，时间不少于1 h。各部分检查正常后做一次紧链工作，然后带负荷运转一个生产周期。

3. 试运转的注意事项

（1）注意检查机器各部分运行的平稳性，如：振动情况，链条运行是否平稳，有无挂卡现象，刮板链的松紧程度及各部件声音是否正常，等等。

（2）注意检查各部件温度是否正常等，如减速器、机头和机尾轴的轴承、电动机及其轴承等，一般温度不应超过65～70 ℃，液力耦合器的温度不应超过60 ℃，大功率减速器的温度不超过85 ℃。

（3）注意检查负荷是否正常，重点是电动机启动电流及负荷电流是否超限。

（4）观察减速器、液力耦合器及各轴承等部位是否有漏油情况。

（5）令采煤机在刮板输送机上试运行，观察是否能顺利通过。

注意：在一般情况下，除检修及处理故障外，不做刮板链倒转的试运转。

二、刮板输送机的运转、维护及故障处理

对刮板输送机合理地使用、有目的地定期维护和检修，把可能发生的故障及时消除，是保证输送机安全可靠运转的重要手段。

（一）运转

刮板输送机在运转中，除注意它的温度、声音和平稳性以外，重要的是要做到安全运转有效运行。

1. 安全运转

安全运转包括人生和设备两个方面。

为保证人身安全应做到：

①开机之前应发出信号，机器运行中不允许在机器上行走或横跨机身，也不允许用脚踩刮板链的方法处理漂链故障。

②液力耦合器和电动机风扇等快速旋转机件裸露部分的防护罩应稳妥可靠。

为保证设备安全应做到：

①注意安全防护。对有打眼放炮作业工序的工作面，在放炮时应注意对溜槽的保护，以免打翻、打坏；对淋水大的顶板要注意电动机和减速的防护，以免电动机受潮和减速器内的润滑油乳化，影响润滑效果。

②避免大块煤岩通过。大块煤或矸石经过采煤机时，因通不过底托架，有可能将采煤机顶起并损坏溜槽。

③及时紧链。新投入运行的刮板运输机因链环间和溜槽间的接合间隙在运行中趋于缩小和严密，致使刮板链松弛，易引起卡链、跳链、落道等事故。因此，除应注意随时紧链外，对投入运行一周内的新刮板运输机，应特别注意刮板链的松紧情况，及时紧链。为避免链条事故和使两条刮板链的磨损力求均匀，对大功率刮板运输送机要求刮板链紧一些。

④保持传动部件的清洁，以便检查和散热，不允许在减速器或电动机上打支柱，或将它们做起重工具的支承座。

2. 有效运行

刮板输送机有效运行的重要标志是能耗少、运煤多，即在输出相同功率的情况下单位时间内的运煤量最大。

为使刮板输送机能得到高的运行效益，可采取如下措施：

(1)保持刮板输送机在平直的条件下运行

可弯曲刮板输送机在水平、垂直两个方向都允许有一定的弯曲，这是为了适应工作面及巷道运输而设计的，并不是指机体任意上下和水平弯曲都是合理的，同时，允许得弯曲也有一定的限度。若输送机拐“急弯”，则会使溜槽接头弯曲角度过大，导致溜槽连接件受力过大而损坏，连接件损坏或丢失后，溜槽接头失去了控制，弯曲时溜槽接头间出现空隙，粉煤漏到底槽，会增加允许阻力或造成堵塞事故。若输送机铺设不平，则在溜槽搭接处刮板链与溜槽的接头磨损加剧，增大运行阻力，缩短使用寿命，同时导致采煤机切割出的工作面底板不平。为避免刮板输送机在运行中的不平和不直，可采取如下4点措施：

①刮板输送机弯曲的角度不超过规定值。

②推溜工作要在采煤机三节溜槽之外进行，不可推出“急弯”，弯曲部分不少于6~8节溜槽；停机时不可推溜；推溜时的速度要慢，以便将浮煤铲净，避免浮煤将溜槽的一侧垫高，造成倾斜。

③除弯曲段外，全部溜槽的铲煤板都要推到与工作面煤壁贴紧的位置，以求推直。

④采煤机应将底板割平，对底板的局部凸起及凹下部分应进行处理。

(2)提高有效运行时间

刮板输送机的生产率是由其效率和运行工作时间决定的。在负荷一定的情况下，设备运行的工时利用率越高，输煤量就越大，可以充分发挥刮板输送机的效能，是提高产量和经济效益的有利途径。因此,在生产中要想尽一切办法减少停运时间。一般不允许刮板输送机空载运行,因为空运不但缩短了有效运行时间,也造成电力的浪费和机件的无效磨损。如果输送机在运行时发生故障,只要故障范围不再扩大,则应尽量采取临时维修手段,维持设备继续运转,将故障的处理推迟到交接班的空余时间去进行,避免停机,延长其有效运行时间。

(3)负载合理

刮板输送机的负载应尽可能达到额定值,以充分发挥其生产能力。一方面,输送机上装煤过多,会使煤溢出溜槽外,白白地浪费劳力和动力,且引起设备过载和机件损伤;装煤过少,即所谓"大马拉小车",使刮板输送机的能力不能充分发挥,无功损耗增大,不经济。另一方面,负载的均匀性也很重要,这对设备的经济运行有影响,且有益于延长关板输送机的零部件工作寿命。

(4)采用新型设备

对一些效率低、耗能大维修费用高的老刮板输送机应进行淘汰,用更新的办法达到提高运行效率的目的。

(5)推行自动化和集中控制

目前,刮板输送机的自动化控制多采用电子技术,其中动力载波控制在煤矿生产中已取得了成功的经验,它可利用设备原有动力线作为信号系统的传递公用通道,无须另设控制线路,这不仅节省了人力,而且由于它是按规定的程序控制的,故较安全、合理、经济。

(6)实行高速运行

在刮板输送机的功率尚有潜力的情况下,适当提高刮板链的速度也是提高其生产率的一个有效途径,即可通过变换减速器传动齿轮齿数的方法提高生产率。SGW-250型刮板输送机的减速器就是通过对不同齿数的齿轮的变换,得到两种不同的转速比,从而得到两种不同的链速度,以适应生产能力的需要,达到了充分发挥设备的技术效能和经济运行的目的。

(7)加强供电管理

电源的电压降不能超限,因为电动机转矩同电压的二次方成正比,电压低会造成电动机启动困难、发热。因此,要尽可能地缩短供电距离,使供电变压器尽量靠近设备。

(8)设备衔接合理

在刮板输送机的连续输送线上,各部分能力必须彼此配合适当,以免因个别环节的配合不当影响整个系统设备的能力发挥。

(9)及时维护和检修

按刮板输送机的完好标准要求进行维护和检修,保持设备完好并处于良好的工作状态。

(二)维护

维护的目的是及时处理设备运行中经常出现的不正常的状态,保证设备的正常运行。它包括更换一些易损件,调整紧固和润滑注油等,使刮板输送机始终保持在完好的状态下运行。它实际上是一种预防设备发生事故,提高运行效率和延长设备寿命的一种重要措施。

机械磨损会使刮板输送机的性能随着使用时间的延长而逐渐变差。维护的意义就是利用检修手段,有计划地事先补偿设备磨损、恢复设备性能。如果维护工作做得好,势必使用的时间就长。维护包括巡回检查、定期检修保养、润滑注油等内容。

1. 巡回检查

巡回检查一般是在不停机的情况下进行,个别项目也可利用运行的间隙时间进行,每班检查数不应少于2~3次。其检查内容包括;以松动的连接件,如螺栓等;发热部位,如轴承等温度的检查(不超过65~70 ℃);各润滑系统,如减速器、轴承、液力耦合器等的油量是否适当;电流、电压值是否正常;各运动部位是否有振动和异响;安全保护装置是否灵敏可靠,各摩擦部位的接触情况是否正常,等等。

检查方法一般是采取看、摸、听、嗅、试和量等办法。看是从外观检查;摸是用手感触其温升、振动和松紧程度等,听是对运行声音的辨别;嗅是对发出的气味的鉴定,如油温升高的气味和电气绝缘过热发出的焦臭气味等;试是对安全保护装置灵敏可靠性的试验;量是用量具和仪器对运行机件,特别是对受磨损件做必要的测量。

巡回检查还包括开机前的检查。在开机前,要对工作的支架和巷道进行一次检查,注意刮板输送机上是否有人工作或有其他障碍物,检查电缆是否卡紧,吊挂是否合乎要求。如无问题,则点动输送机,看其运行是否正常。接着应对机身、机头和机尾进行重点检查。

2.定期检修保养

定期检修保养是根据设备的运行规律,对其进行周期性维护保养,以保证设备的正常运行。一般可分为日检、周检和季检。

(1)日检

日检即每日由检修班进行的检修工作,除包括巡回检查的内容外,还需要更换一些易损件和处理一些影响安全运行的问题。重点应检查如下4项:

①更换磨损和损坏的链环、连接环和刮板。

②处理减速器和液力耦合器的漏油现象。

③检查溜槽(特别是过渡槽)、挡煤板及铲煤板的磨损变形情况,必要时进行更换。

④检查拨链器的工作情况(主要是紧固和磨损)。

(2)周检

周检是每周进行一次的检查和检修工作,除包括日检的全部内容外,主要是处理一些需要停机时间较长的检查和检修工作。重点的检修项目如下:

①检查机头架和机尾架有无损坏和变形情况。

②检查联接减速器的底脚螺栓和液力耦合器的保护罩两端的联接螺栓是否紧固。

③通过电流表测察液力耦合器的启动是否平稳,各台电动机之间的负荷分配是否均匀,必要时可以通过注油进行调整。

④检查减速器内的油质是否良好,油量是否合适,轴承、齿轮的润滑状况和各对齿轮的啮合情况是否符合要求。

⑤测量电动机绝缘,检查开关触头及防爆面的情况。

⑥检查拨链器和压链块的磨损情况。

⑦检查铲煤板的磨损情况及其联接螺栓的可靠性。

(3)季检

季检为每隔3个月进行一次的检修工作,主要是对一些较大、关键的机件进行更换和处理。它除包括周检的全部内容外,还包括对橡胶联轴器、液力耦合器、过渡槽、链轮和拨链器等进行检修更换,并对电动机和减速器进行较全面的检查和检修。

(4)大修

当采完一个工作面后,要将设备升井进行全面检修。具体工作如下:

①对减速器、液力耦合器进行彻底清洗换油。

②检查电动机的绝缘三相电流的平衡情况,并对电动机的轴承进行清洗。

③对损坏严重的机件进行修补校正和更新。

3. 润滑注油

润滑注油时对刮板输送机进行维护的重要内容。保持刮板输送机经常处于良好的润滑状态,就可以控制摩擦,达到减轻机件磨损、延长寿命和提高运行效率的目的。良好的润滑还可以起到对机件的冷却、冲洗、密封、减振、卸荷、保护及防锈等作用。

刮板输送机主要部件的润滑部位、润滑油牌号及注油时间见表1-3。

表1-3　刮板输送机注油表

部件名称	润滑部位	润滑油牌号	注油间隔时间
电动机	轴承	锂基脂 ZL45-2	2~3月
减速器	齿轮及轴承	双曲线齿轮油或汽缸油 HG-24	1.5~2月
减速器第一轴承	轴承	钠基脂 ZGN-2	检修时
机头轴	轴承	钠基脂 ZGN-2	每月1次
盲轴	轴承	钠基脂 ZGN-2	2~3月
机尾轴	轴承	钠基脂 ZGN-2	每月1次
传动链	传动链	机械油	每班3~4次

(三)故障处理

对刮板输送机加强维护、坚持预防性检修,使其不出或少出故障,是当前机电管理工作中的重要一环。但由于管理和维修水平以及设备本身的结构性能等方面的原因,刮板输送机在运行中发生故障是难免的。问题是当这些故障发生之后,如何能做到正确判断、迅速处理,把事故的影响缩小到最低限度。

1. 判断故障的基本知识

(1)工作条件

工作条件不但是刮板输送机所处的工作的地点、环境及负荷,还包括对它的维护情况、已使用的时间和机件的磨损程度等。将工作条件结合到刮板输送机的结构特点、性能和工作原理一并分析考虑,即可作出比较正确的判断。

(2)运行状态

刮板输送机的运行状态(包括故障预兆显示)是通过声音、温度和稳定性这3个因素表现出来的。这3个因素是互相关联,而不是孤立存在的,且当不同机件和不同故障类型以及故障发生在不同部位上时,3个因素的突出程度也有所不同。刮板输送机零件的损坏除已达到正常的使用寿命,即已达到服务年限而未被更换外,多数是由于超负荷引起的,而负荷增大就会表现出运行声音的沉重和温度的增高。当负荷超出一定范围时,机件就会运行不稳定,直到损坏。因此,掌握机器的运行声音、温度和稳定性,是掌握机器的运行状态、判断故障的重要依据。

声音的掌握靠听觉;稳定性的掌握靠视觉和触觉,也常与声音结合判断;温度的掌握是很重要的。因为所有机件故障的发生,除突然过载造成的损坏外,多半是随温度的升高而引起的,故维护人员在没有温度仪器指示的情况下应掌握判断温度的技术。

(3)表现形式

刮板输送机在远行中发生的故障,有时不是直观的,也不可能对其组件立即作出全面解体检查。在这种情况下,只能通过故障的表现形式和一些现象进行分析和判断。刮板输送机的每一起故障的发生,依其所发生的部位、损坏形式的不同,都会有一定的预兆显示。掌握了这些不同特点的预兆,往往可将事故消除在发生之前。若故障已发生,则可根据这些预兆现象查明原因,迅速作出判断和正确处理。将因此而产生的影响缩到最小,并将引起事故的根源清除。

2. 常见故障及其处理方法

刮板输送机的常见故障及其处理方法见表1-4。

表1-4 刮板输送机的常见故障极其处理方法

序号	故障分析	可能原因	处理方法
1	电动机工作,但刮板链不动	1. 刮板链卡住 2. 负荷过大 3. 液力耦合器的油量不足 4. 液力耦合器易熔合金保护塞损坏	1. 处理被卡的刮板链 2. 将上槽煤挑掉一部分 3. 按规定补充油量 4. 更换易熔合金保护塞并充油
2	电动机不能启动	1. 电气线路损坏 2. 单项运转	1. 检查线路,修复损坏部分 2. 检查原因并排除
3	电动机温度过高	1. 超负荷长时运行 2. 通风散热条件不好	1. 减轻负荷 2. 清除电动机周围的杂物
4	减速器声音不正常	1. 伞齿轮调整不合适 2. 轴承、齿轮磨损严重或损坏 3. 轴承游隙过大 4. 减速器内有杂物	1. 重新调整好 2. 更换磨损或损坏的部件 3. 重新调整好 4. 清除杂物
5	减速器温度过高	1. 润滑油污染严重 2. 油位不符合要求 3. 冷却不良,散热不好	1. 更换润滑油 2. 按规定注油 3. 清除减速器周围的杂物,对水冷减速器还应检查供水情况
6	减速器漏油	1. 密封圈损坏 2. 箱体结合面不严	1. 更换密封圈 2. 拧紧螺钉
7	两个液力耦合器中的一个温度过高	两个液力耦合器的油量不等	调整油量,使之均衡
8	液力耦合器漏油	1. 注油塞或易熔合金保护塞松动 2. 密封圈或垫圈损坏	1. 拧紧 2. 更换
9	液力耦合器温度已超过规定值	易熔合金保护塞配方不对	重新配置

续表

序号	故障分析	可能原因	处理方法
10	盲轴温度过高	1. 密封损坏,润滑油不干净 2. 轴承损坏 3. 油量不足	1. 更换密封圈,清洗轴承,换新油 2. 更换轴承 3. 补充油量
11	刮板链掉道	1. 刮板链过松 2. 刮板过度弯曲 3. 输送机弯曲严重 4. 过渡槽磨损严重	1. 重新紧链 2. 换刮板 3. 推溜时要严加注意,不可以把输送机推得过于弯曲 4. 更换过渡槽
12	刮板链在链轮处跳牙	1. 链条拧麻花 2. 刮板弯曲 3. 链轮齿磨损严重 4. 刮板链过松	1. 整理链条 2. 更换刮板 3. 更换链轮 4. 重新紧链

1. 刮板输送机安装前的准备工作有哪些?
2. 刮板输送机的安装顺序及工艺要求是什么?
3. 刮板输送机运转时的注意事项有哪些?
4. 巡回检查和定期检修的内容有哪些?
5. 判断故障的基本知识是什么?
6. 刮板链掉道的原因是什么?

学习情境 2 桥式转载机

任务导入

桥式转载机的外形如图2-1所示。它是机械化采煤运输系统中普遍使用的一种中间转载设备。它安装在采煤工作面的下顺槽内,把采煤工作面刮板输送机运出的煤转运到顺槽可伸缩胶带输送机上。该任务要求:正确安装和维护桥式转载机,及时处理其运行中产生的故障,使其能安全、正常、高效地运行,完成采煤工作面的生产运输任务。

图2-1　桥式专载机外形图

桥式转载机的长度较短,便于随着采煤工作面的推进和胶带输送机的伸缩而整体移动。在机械化采煤工作面中使用桥式转载机,可以减少顺槽中可伸缩胶带输送机伸缩、拆装的次数,便于向胶带输送机装煤,从而加快采煤工作面的推进速度,提高生产效率,增加煤炭产量。

在生产实际中,桥式转载机如果使用维护不好,常会出现电动机启动不了或者机尾滚筒不转动等故障。为了能够保证对桥式转载机进行日常维护、故障诊断等目的,且顺利完成桥式转载机的井下安装和使用任务,必须学习桥式转载机的结构、工作原理、维护运行等相关知识。

学习目标

1. 掌握桥式转载机的工作原理及构造。
2. 懂得桥式转载机的安装与试运转。
3. 熟悉桥式转载机的维护与故障处理。

任务1　桥式转载机的工作原理及构造

一、桥式转载机的组成和工作原理

(一)桥式转载机的组成

桥式转载机的结构如图2-2所示。它主要是由机头部(包括传动装置、机头架、链轮组件和支撑小车)、悬拱段、爬坡段、水平段和机尾部等部分组成。

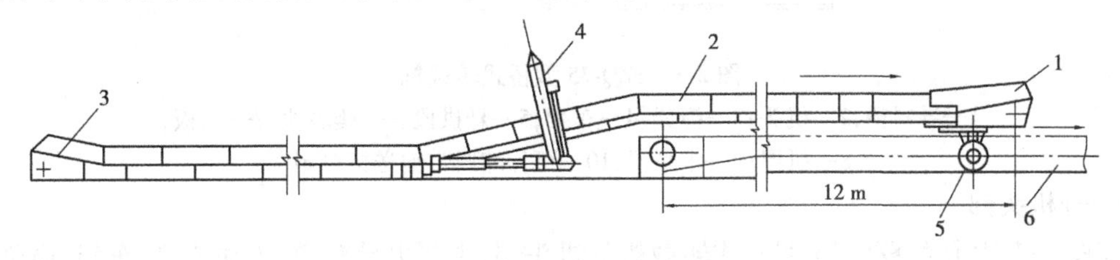

图2-2　桥式转载机的工作原理

1—机头部;2—机身部;3—机尾部;4—拖移装置;5—行走部;6—可伸缩胶带输送机机尾

(二)桥式转载机的工作原理

如图2-2所示,桥式转载机的机尾安装在工作面可弯曲刮板输送机机头下面的顺槽底板上,接受从工作面运输出的煤。机头安放在游动小车架上,小车放在胶带输送机机尾架的轨道上。这样随着转载机的逐步移动使其桥部与胶带输送机的机尾重叠起来,从而缩短了运输巷道的运输长度,减少了缩短胶带输送机的操作次数。

桥式转载机与可伸缩胶带运输机配套使用时的最大位移距离为12 m,等于桥式转载机机头部和中间悬拱部分与胶带运输机机尾的有效搭接长度。当桥式转载机运动到极限位置时,可伸缩胶带输送机,必须伸缩一次。由于可伸缩胶带运输机的不可伸缩部分长度(全部拆除可伸缩部分后的最小长度)一般为50 m,因而当顺槽运输小于60 m时,不能继续使用伸缩胶带输送机。此时,可将桥式转载机的水平装置段接长,若功率不够,可在机头部再增加一套传动装置,单独完成顺槽中的运输任务。有时也可将可伸缩胶带输送机的储带装置逐段拆除,而不必接长桥式转载机,最后全部拆除可伸缩胶带输送机,用桥式转载机单独完成顺槽的运输任务。

二、桥式转载机的结构

实际上,桥式转载机是一种可以纵向弯曲和整体移动的短距离重型刮板输送机。下面主要介绍SZQ-75型桥式转载机的结构(见图2-3)。

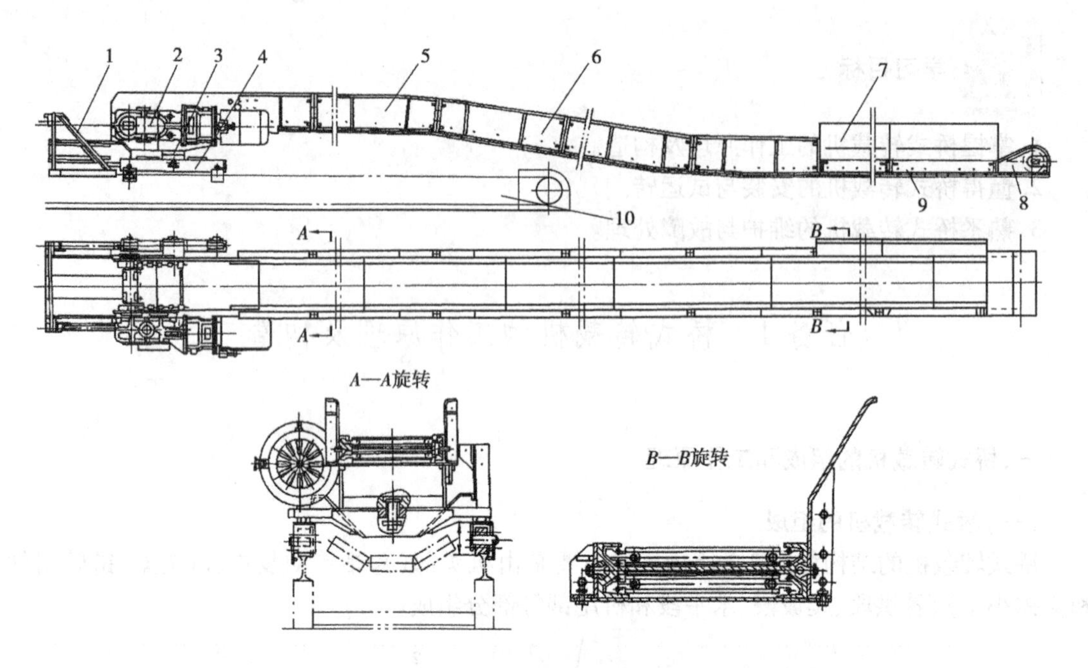

图 2-3　SZQ-75 型桥式转载机

1—导料槽;2—机头;3—横梁;4—车架;5—悬拱段;6—爬坡段;7—挡板;
8—机尾;9—水平段;10—可伸缩胶带输送机机尾

(一)机头部

如图 2-4 所示为 SZQ-75 型桥式转载机的机头部,主要由导料槽、传动装置、车架、横梁、机头架、链轮及盲轴等部分组成。电动机与液力耦合器连接罩及减速器用螺栓联接在一起,再用螺栓将减速器固定在机头架的侧板上。机头部通过车架和横梁安放在胶带输送机机尾的轨道上,并在其上行走。

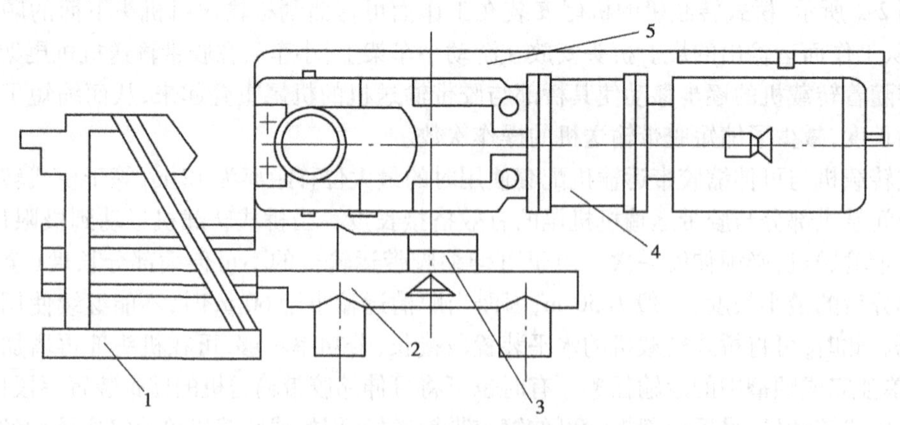

图 2-4　SZQ-75 型桥式转载机机头部

1—导斜槽;2—车架;3—横梁;4—传动装置;5—机头架

1. 机头传动装置

机头传动装置如图 2-5 所示。它主要由电动机、液力耦合器、减速器、紧链器、机头架及链轮组件等组成。

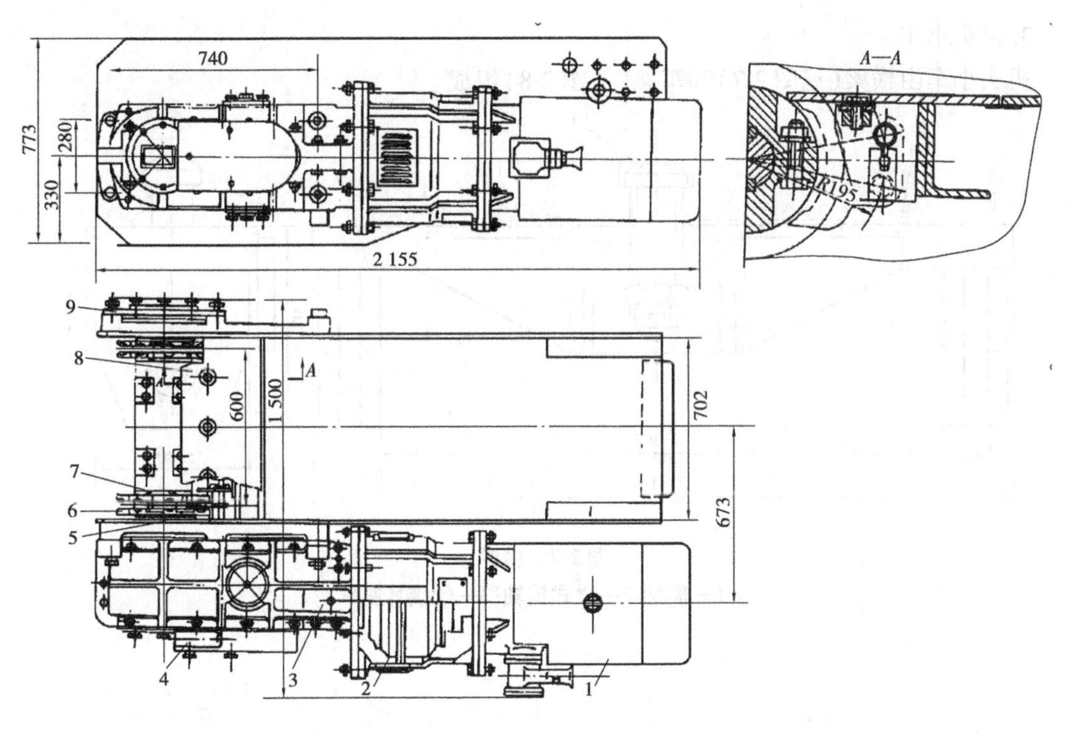

图2-5　机头传动装置

1—电动机;2—液力耦合器;3—减速器;4—紧链器;5—机头架;6—链轮组件;7—拨链器;8—舌板;9—盲轴

2. 机头架

机头架如图2-6所示。它主要由左右侧板、中板、底板及固定梁等组成。机头架左右侧板是对称的,传动装置可以安装在机头架的任意一侧。

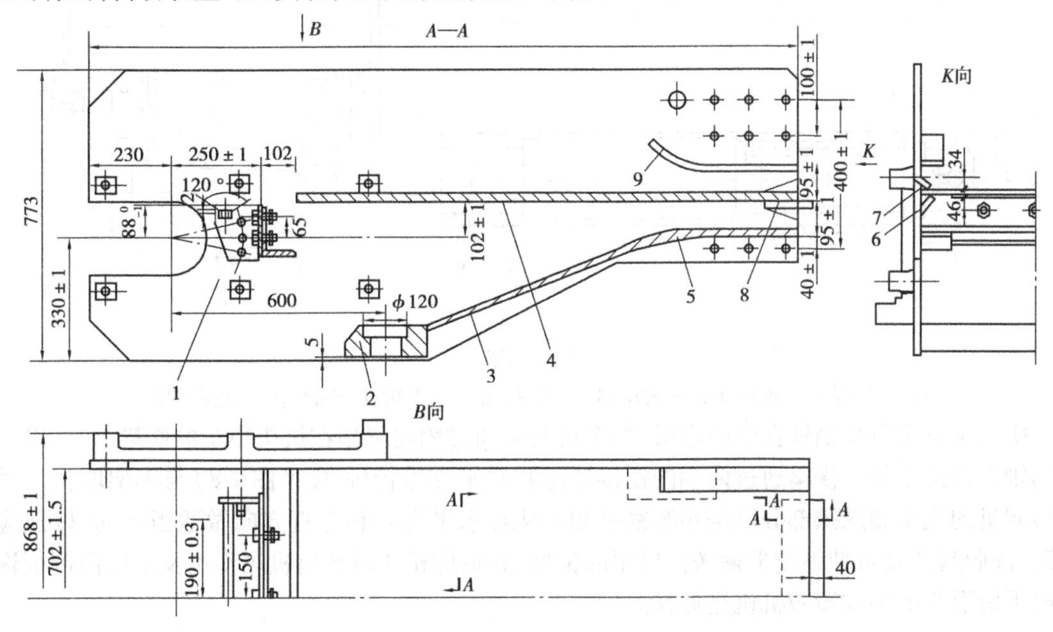

图2-6　机头架

1—侧板;2—固定梁;3—底板;4—中板;5—耐磨板;6,7—过渡板;8—搭接板;9—导向板

3. 机头小车

机头小车由横梁(见图 2-7)和车架(见图 2-8)组成。

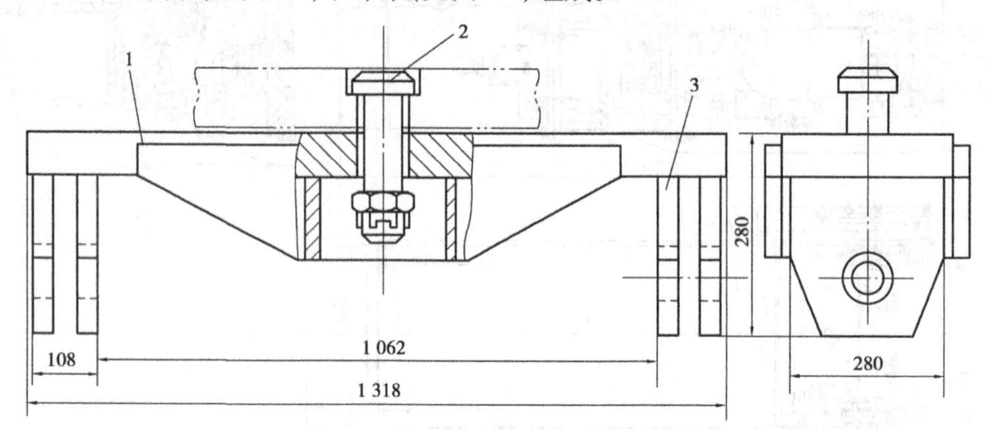

图 2-7　横梁

1—横梁;2—立式销轴;3—铰接耳座

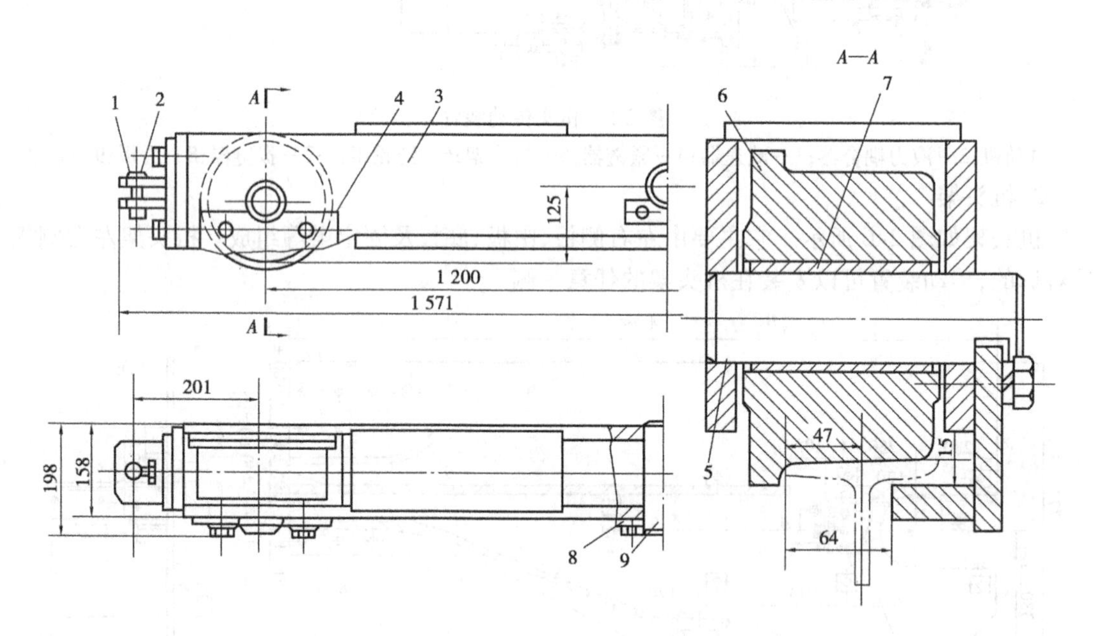

图 2-8　车架

1,5—销轴;2—连接座;3—横梁;4,8—定位板;6—车轮;7—轴套;9—支撑销轴

机头架下部有带销轴孔的固定梁,整个机头架通过固定梁坐在机头小车的横梁 1 上,以立式销轴 2 铰接定位。横梁通过两端的铰接耳座和水平支撑销轴 9(见图 2-8)与车架联接。桥式转载机的机头和悬拱部分可绕小车横梁和车架在水平方向和垂直方向做适当转动,以适应巷道、底版起伏及可伸缩胶带输送机机尾的偏摆,并适应桥式转载机机尾不正及工作面刮板输送机下滑引起的桥式转载机机尾偏移。

如图 2-8 所示,小车车架上通过销轴 5 安装了 4 个有轮缘的车轮 6。为了防止小车偏移掉道,在车轮外侧的车架挡板上用螺栓固定着定位板 4,在小车运行时起导向和定位作用。

4. 导料槽

导料槽是由左右挡板、槽板、横梁和底座组成的框架式构件，其结构如图 2-9 所示。在左、右挡板的内侧装有两块与水平方向呈 45°角的 1 m 长的槽板，该槽板形状为长漏斗状，下口宽约 0.5 m，它承受由桥式转载机卸下的物料，并将物料导装到胶带输送机的胶带中心线附近。导料槽的作用是减轻煤对胶带的冲击，并能防止胶带因偏载而跑偏，从而保护了胶带，有利于胶带输送机的正常运行。

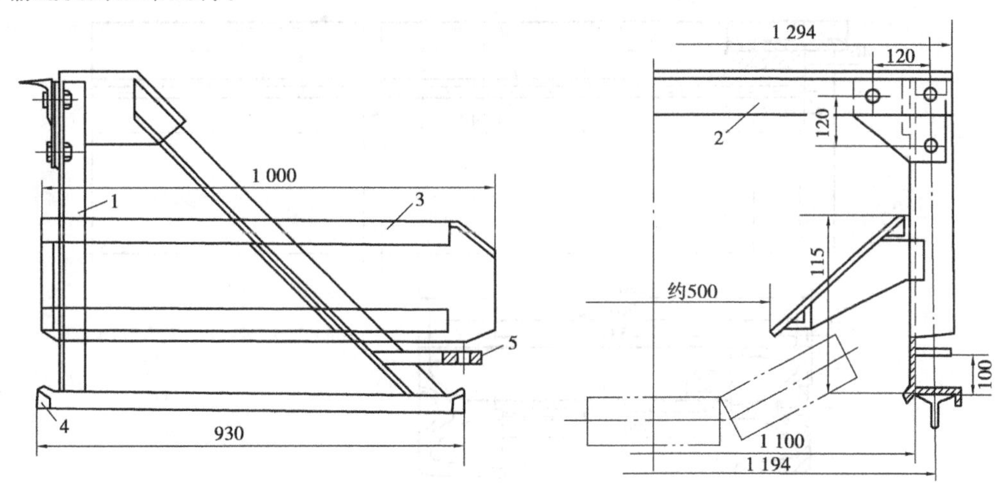

图 2-9 导斜槽

1—挡板；2—横梁；3—槽板；4—底座；5—连接耳板

导料槽的底座是由左、右两块连接耳板与转载机机头小车车架前端的连接座用销轴联接起来的。当桥式转载机在胶带输送机上移动时，机头小车便推着导料槽沿轨道滑行。

(二)悬拱段

悬拱段由中部标准槽、封底板和两侧挡板组成，三者用螺栓联接在一起。

桥式转载机中部标准槽的结构如图 2-10 所示，溜槽一端的两侧槽帮上焊有带锥度的联接销，以此与相邻槽联接。联接销的锥度可使溜槽在垂直方向的偏转角达 3°，在水平方向的偏转角达 4°。每节中部标准槽两侧槽帮上各有 6 个连接侧板的支座，通过特制的螺栓将挡板固定在槽帮上。溜槽底板用螺栓与挡板联接，封闭槽底。溜槽接头位置与侧板接头位置、封底板接头位置要互相错开，以增强机身刚度。

(三)爬坡段

桥式转载机的爬坡段有凹形和凸形两种弯曲溜槽，如图 2-11 和图 2-12 所示。其作用是将桥式转载机机身从底板过渡升高到一定高度，形成一个坚固的悬桥结构，以便搭伸到胶带输送机机尾上方，将煤转载到胶带输送机上。凹形溜槽连接在水平装载段和爬坡段之间，凸形溜槽连接在爬坡段和悬拱段之间，以使刮板链能获得平稳地过渡，减小运行阻力和磨损。它们的槽帮和中板都沿着长度方向制成圆弧曲线形状，两者弯曲方向相反。凹形溜槽的封底板坐落在顺槽巷道底板上，作为滑橇，当转载机移动是可沿底板滑动，以减小阻力。

(四)水平段

桥式转载机的水平段为装载部分，它由中部标准溜槽和高低挡板组成，长度约为 7 m。在装料一侧安装低挡板，以便于装载。水平装载段溜槽和凹形弯曲溜槽的封底板坐落在顺槽巷

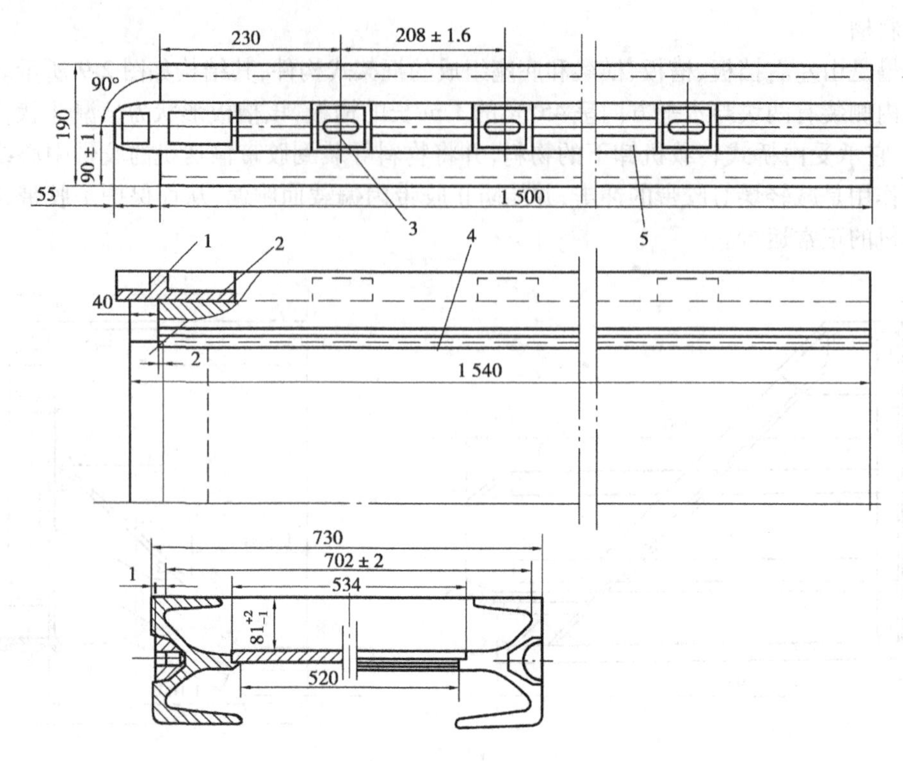

图 2-10　中部标准槽

1—联接销;2—搭接板;3—支座;4—中板;5—槽帮

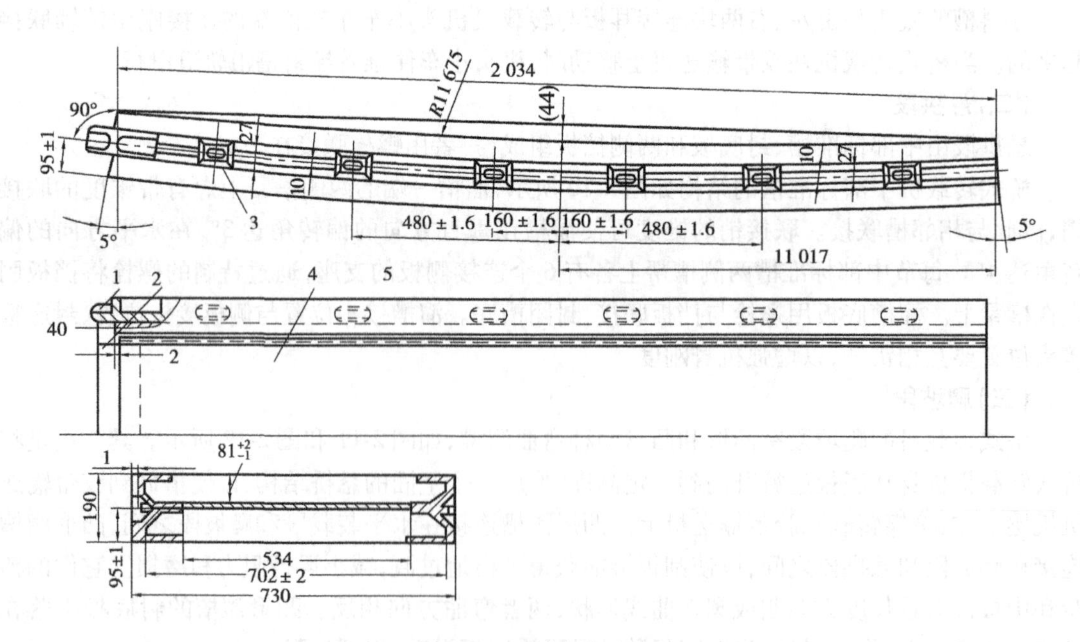

图 2-11　凹形弯曲溜槽

1—联接销;2—搭接板;3—支座;4—凹中板;5—凹槽帮

道底板上,作为滑橇,桥式转载机移动时可沿巷道底板滑动。

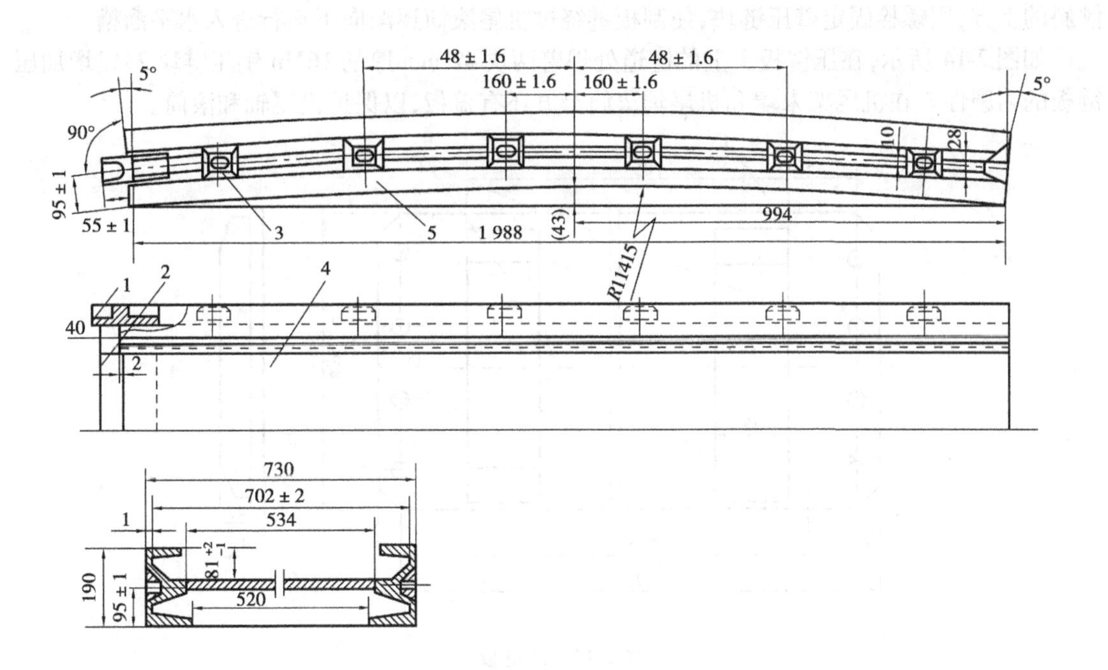

图 2-12　凸形弯曲溜槽

1—联接销;2—搭接板;3—支座;4—凸中板;5—凸槽帮

(五)机尾部

如图 2-13 所示为桥式转载机的机尾。它主要由机尾架 1、机尾轴 2 和压链板 3 等组成。

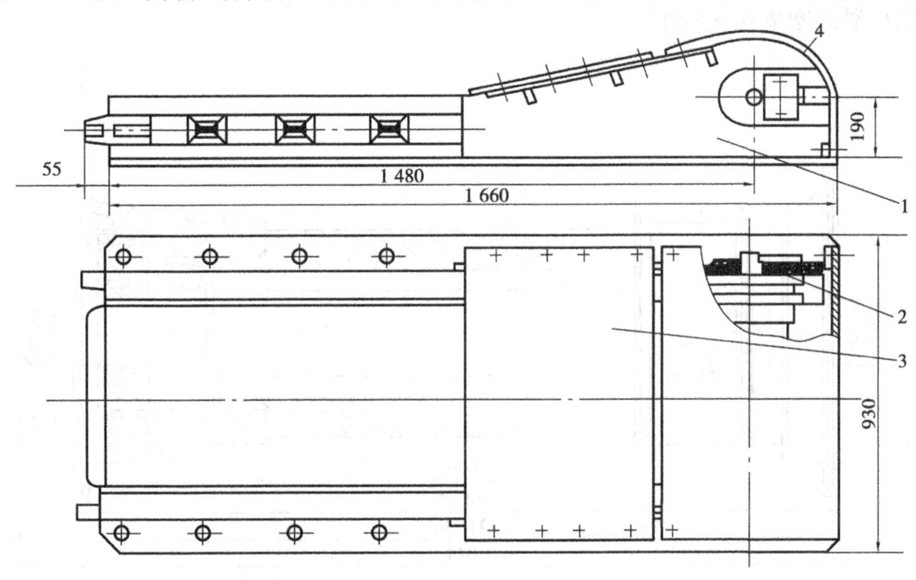

图 2-13　机尾

1—机尾架;2—机尾轴;3—压链板;4—盖板

机尾架由钢板和一节短溜槽焊接而成。它的中板出溜槽后向机尾轴方向逐渐抬高,在两侧链道过渡处焊有过渡板,使刮板链运行时能顺利过渡,减小冲击和卡碰现象。在机尾架侧板倾斜的上方,用螺栓固定着压链块,使刮板链绕过机尾滚筒逐渐向下运行进入水平溜槽。

如图 2-14 所示,在压链板 1 上的链道处焊着两块 42 mm 厚的 16Mn 钢压链块 2,以增加压链板的耐磨性。在机尾架末端和机尾轴滚筒上方还有盖板,以保护机尾轴和滚筒。

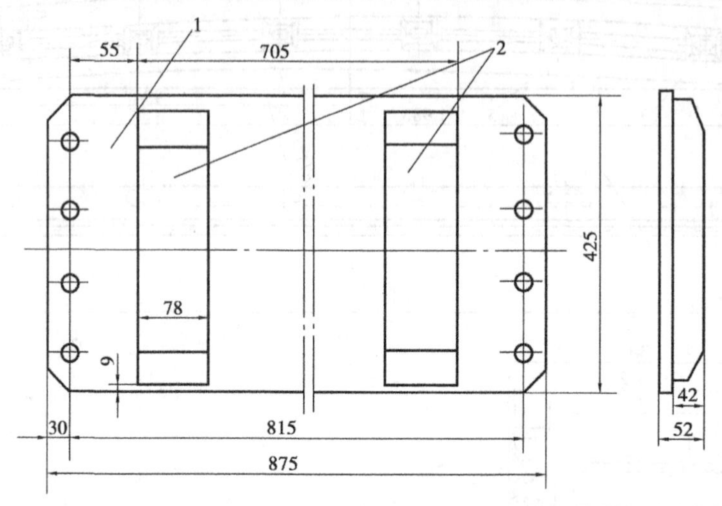

图 2-14　压链板

1—压链板;2—压链块

如图 2-15 所示,在机尾滚筒 2 通过两个滚动轴承 4 安装在机尾轴 3 上。轴的两端安装在机尾架侧板的开口槽中,再以卡板和螺栓紧固,使其不能转动。装配时,轴承处充填润滑脂,滚筒内注入 1/3 容积的润滑油,装配后的滚筒在轴上应转动灵活。刮板链绕经滚筒时,滚筒随之转动,以减少滑动摩擦和运行阻力。

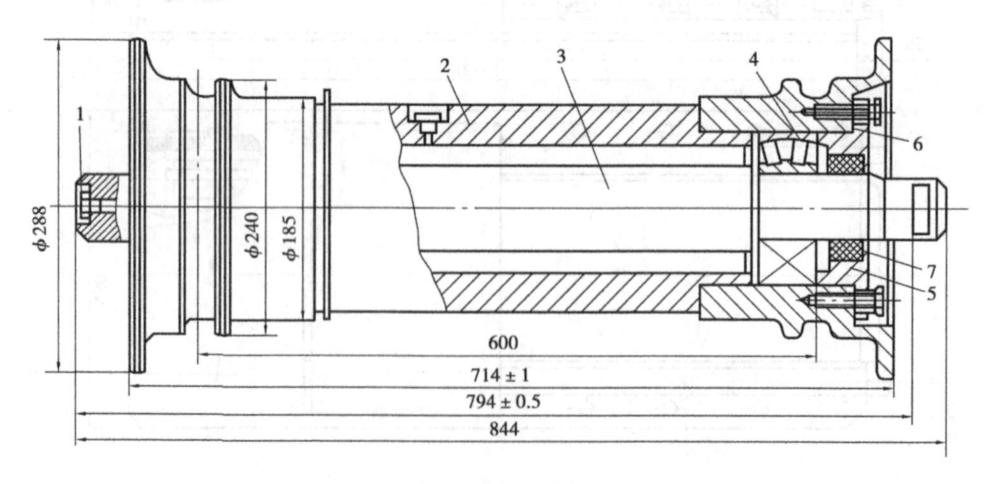

图 2-15　机尾轴

1—螺塞;2—机尾滚筒;3—机尾轴;4—滚动轴承;5—端盖;6—O 形密封圈;7—油封

任务2　桥式转载机的安装与试运转

一、桥式转载机的安装

(一)安装前的准备工作

(1)参加安装、试运转的工作人员应熟悉现场的情况,熟悉桥式转载机的结构、工作原理和安装程序,并始终严格遵守安全操作规程,确保人身和设备的安全。

(2)准备好起吊设备、安装工具及支撑材料(如方木或轨道枕木等)。

(3)在安装桥式转载机前,应先安装好可伸缩胶带输送机机尾(包括桥式转载机机头小车的行走轨道)。

(4)将桥式转载机各部分搬运到相应的安装位置。

(二)安装步骤及注意事项

1.安装步骤

(1)卸下机头小车上的定位板,将机头小车的车架和横梁联接好,然后把小车安装在胶带输送机机尾的轨道上,并装好定位板。在后退式采煤系统中,采煤工作面循环开始时,桥式转载机机头小车应处于胶带输送机机尾末端的上方。

(2)吊起机头部,将其安放在机头行走小车上,使机头架下部固定梁上的销轴孔对准小车横梁上的孔,然后插上销轴,拧紧螺母,并用开口销牢固。

(3)搭起临时木垛,将中部槽的封底板摆好,铺上刮板链,安上溜槽,将刮板链拉入链道;再将两侧挡板装好,并用螺栓将其与溜槽及封底板固定。依次逐节安装,相邻侧板间均用高强度螺栓联接好,以保证桥式转载机的刚度。

(4)安装转折处凸、凹溜槽及爬坡段溜槽时,应调整好位置及角度,然后再拧紧螺栓。安装爬坡段溜槽时,必须先搭建临时木垛来支撑。

(5)水平装载段的安装方法与悬拱部相同。不同之处只是在巷道底板上安装时不需搭建临时木垛。应注意在装煤一侧安装低挡板,以便于装煤。

(6)两侧挡板由于允许有制造误差,故联接挡板的端面可能有间隙。因此,在安装时可根据实际情况将平垫片或斜垫片插入挡板端面间隙中进行调整。有条件时最好在井上进行安装试运转,各侧板、底板全部编号标注,以便于井下对号安装。这样配合较好,桥身刚度较大。

(7)水平装载段中部槽逐节装好后,接上机尾,将溜槽、封底板和两侧挡板全部用螺栓紧固好。

(8)全部结构件安装好后,方可拆除临时木垛。

(9)试运转传动机构。将底链挂到机头链轮上,插好紧链钩,把紧链器手柄扳到“紧链”位置,开反车紧链。选用3,5,7环的调节链调节刮板链长度,然后将刮板链的首尾相连接成闭合的链条。再将紧链器手柄扳到“非紧链”位置,然后拆掉紧链钩。刮板链的张紧程度以运煤时在机头链轮下面稍有下垂为宜,松环不能大于2环。

(10)将导料槽装到胶带输送栽机机头的前面,插上导料槽与机头小车的连接销轴。

2. 注意事项

(1)安装时应注意将传动装置装在人行道一侧,以便于检查和维护。转载机机身应保持呈一直线,尽可能使之与胶带输送机机尾部在一条直线上,使转载机机头卸载时对准胶带输送机机尾部装载中心。

(2)刮板链的安装应符合要求。链条不允许有拧麻花的现象,以提高机械强度和安全可靠性。

(3)安装桥身时应使桥身溜槽的接头位于侧板中间,侧板的接头位于底板的中间,这样桥身部才能由溜槽、侧板、底板组成一个坚固的刚性整体。

(4)安装行走小车时一定要与桥式转载机机头部保持一定的灵活性,使之可在水平面内摆动一定的角度,以适应在拉移时机身与行走小车不在一条直线上的要求。

(5)注意安装顺序。根据井下工作面顺槽的具体条件有两种安装方式:一种是先从机头行走部装起,按顺序装到机尾部;另一种是先从机尾部装起,最后安装机头行走部。无论采用哪种方式都应测量准确,以免影响安装质量。

(6)安装悬空溜槽时必须搭起临时木垛,不能使用立柱代替木垛,以确保安全。

二、桥式转载机的试运转

(一)试运转前的检查

(1)检查所有的紧固件是否松动。

(2)检查减速器,机头、机尾链轮等注油量是否正确,各润滑部位是否润滑良好。

(3)检查液力耦合器的工作液体是否充足。

(4)检查刮板链是否有拧麻花现象,各部分安装调试是否正确。

若以上检查没有发现问题,则可进行试运转,即进行空载运行,开始时断续启动,开、停试运,当刮板链转过一个循环后再正式转动,时间不少于1 h。各部分检查正常后做一次紧链工作,然后带负荷运转一个生产班。

(二)试运转时的检查

(1)检查电气控制系统运转是否正常。

(2)减速器、轴承是否有异常声响,是否有过热现象。

(3)刮板链运行有无刮卡现象,刮板链过链轮时是否正常,链条松紧是否适当。

(4)试运转后,必须检查固定刮板的螺栓是否松动,如有松动必须拧紧。

(三)注意事项

(1)在减速器、盲轴、液力耦合器和电动机等传动装置处,必须保持清洁,以防止过热。

(2)链条的松紧程度必须适当。

(3)桥式转载机的机尾与工作面刮板输送机的卸载位置必须配合适当,保证煤能准确地装入桥式转载机的水平装载段之内。拉移桥式转载机时,保证行走小车在胶带输送机机尾的轨道上顺利移动,若歪斜则应及时调整。

(4)锚固柱窝时必须选在顶底板坚固处,锚固点必须牢固可靠。严禁用桥式转载机运送其他支护材料。

(5)转载机应避免空负荷运行,一般情况下不能反转。

三、桥式转载机的开停顺序

(1)桥式转载机与破碎机、刮板输送机配套使用时,一定要按照破碎机→桥式转载机→刮板输送机的顺序依次启动,停车时应按相反顺序进行操作。为了便于桥式转载机的启动,应首先使刮板输送机停车,待卸空转载机溜槽上的物料后,才能使转载机停车。

(2)当装载机溜槽内存有物料时,无特殊原因不能反转。

(3)发生事故后,必须及时停止桥式转载机。

任务3　桥式转载机的维护与故障处理

一、桥式转载机的维护

为保证桥式转载机安全可靠地运行,发挥其最佳性能,必须按要求定期维修桥式转载机的各个部件,其维护、检修内容可按以下几个方面进行:

(一)班检

(1)检查溜槽、拨链器、护板等部件是否损坏。各联接螺栓是否松动、丢失。发生损坏的刮板要及时更换。脱落的螺栓要及时补齐,松动的要拧紧。

(2)检查桥式转载机刮板链、刮板、连接环、联接螺栓是否损坏。任何弯曲的刮板都必须更换。

(3)检查电动机的供电电缆是否损坏,连接罩内部及通风格有无异物。如有异物要及时清理,以保持良好的通风。

(二)日检

除包括班检的内容之外,还应检查以下内容:

(1)运行时目测检查刮板链的张紧程度,如发现机头下面链条下垂超过两环,必须重新张紧刮板链。

(2)检查刮板是否能顺利通过链轮,拨链器的功能是否良好。

(3)检查桥身部分和爬坡段有无异常现象,溜槽两侧挡板和封底板的联接螺栓有无松动现象,如有应立即处理。

(4)检查机头行走小车和导料槽移动是否灵活可靠,胶带输送机机尾两侧的轨道是否平直稳妥,严防机头小车和导料槽发生卡碰和掉道。

(5)向各润滑注油点注入规定的润滑油和润滑脂。

(三)周检

除包括日检内容之外,还应检查以下内容:

(1)检查电动机、减速器的声音是否正常,以及振动和发热情况。

(2)检查液力耦合器的注液量、减速器的油量是否符合规定要求,有无漏液、漏油现象。

(3)检查链轮轴的润滑油是否充足,有无漏油。

(四)月检

除包括周检内容之外,还应检查以下内容:

(1)电动机的绝缘及接线情况。

(2)减速器的油质是否良好,轴承、齿轮的润滑状况和各对齿轮的啮合情况。

(3)机头架与各部件的联接情况,如有松动应及时紧固。

(4)链轮与机尾滚筒的运转情况,注意有无磨损和松动现象。

(5)检查两条链条的伸长量是否一致,如果伸长量达到或超过原始长度的 2.5% 时,则需更换。注意更换时应成对更换。

(五)大修

当一个工作面采完之后,应将设备升井在地面机修车间进行全面检修。

(六)润滑

为保证桥式转载机正常工作,必须对各传动部件进行可靠的润滑。润滑油的选择应按说明书要求执行,不准用质量低或与说明书不相符合的润滑油。润滑油要用密闭的容器运输和储存。

对各传动部件注油有如下要求:

(1)减速器齿轮箱注 N460 极压齿轮油,每周检查油面,不足时加油。第一次使用200 h 后换新油,以后每连续使用 3 个月换一次新油。

(2)减速器第一轴轴承、机尾链轮轴轴承均注 ZL-3 号锂基润滑脂。每周注一次,工作条件恶劣时需增加次数。

(3)电动机轴承均注 ZL-3 号锂基润滑脂,检修时加油。

(4)机头链轮轴组件采用 N460 极压齿轮油润滑,每周检查油面,不足时加油。第一次使用 250 h 后换新油,以后每连续使用 3 个月换一次新油。

(5)小车车轮采用锂基润滑脂润滑,每月一次。

二、桥式转载机的常见故障及处理方法

桥式转载机的常见故障及处理方法见表 2-1。

表 2-1 桥式转载机的常见故障及处理方法

序号	故障	原因	处理方法
1	电动机启动不了,或启动之后又立即缓慢停下来	1. 接线不好 2. 电压下降 3. 控制线路损坏 4. 单相运转	1. 重新接线 2. 检查电压 3. 检查线路,排除损坏部位 4. 检查排除
2	液力耦合器严重打滑	1. 液力耦合器注液量不够 2. 桥式转载机严重超载 3. 刮扳链被卡住 4. 紧链器处于工作位置	1. 按规定补足工作液体 2. 卸掉一部分煤 3. 处理被卡的部位 4. 将紧链器手柄扳到非工作位置
3	减速器有异常声响,箱体温度过高	1. 齿轮啮合不正常 2. 齿轮或轴承磨损超限 3. 润滑油变质或油量不符合要求 4. 减速箱内有金属杂物	1. 重新调整 2. 更换已损坏的轴承或齿轮 3. 按规定更换润滑油或注油 4. 清除杂物

续表

序　号	故　障	原　因	处理方法
4	刮板链在链轮处跳牙	1. 刮板链过松 2. 连接环装反或链条拧麻花 3. 刮板严重变形 4. 链轮轮齿磨损严重 5. 两条链的长度或伸长量不相等或环数不同	1. 重新紧链 2. 重新正确安装 3. 更换刮扳 4. 更换链轮 5. 更换并需使用奇数环链条
5	机尾滚筒不转或发热严重	1. 机尾变形,滚筒歪斜 2. 轴承损坏 3. 密封损坏,润滑油太脏 4. 油量不足	1. 校正或更换 2. 更换轴承 3. 更换密封,清洗轴承并换油 4. 补足润滑油
6	桥身悬拱部分有明显下垂	1. 联接螺栓松动或脱落 2. 连接挡板焊缝开裂	1. 拧紧或补充螺栓 2. 更换连接挡板

1. 简述桥式转载机的用途。
2. SZQ-75 型桥式转载机由哪几个部分组成？各部分的结构特点和作用是什么？
3. 简述 SZQ-75 型桥式转载机的安装步骤及注意事项。
4. 桥式转载机正常运行时应注意哪些问题？
5. 对桥式转载机要经常进行哪些检查工作？
6. 桥式转载机常见故障有哪些？产生这些故障的原因是什么？如何处理？
7. 桥式转载机的主要部件应如何润滑？

学习情境 3
胶带输送机

任务导入

胶带输送机是以胶带兼作牵引机构和承载机构的一种连续动作式运输设备。在煤矿井上、下和其他许多地方得到了广泛的应用。

学习目标

1. 胶带输送机的结构和工作原理。
2. 胶带输送机的开停操作。
3. 胶带输送机的维护及故障处理。

任务 1　胶带输送机的工作原理及构造

一、胶带输送机的工作原理及适用范围

（一）胶带输送机的工作原理

如图 3-1 所示，胶带 1 绕经传动滚筒 2 和机尾换向滚筒 3 形成一个无极环形带。上下两股胶带都支撑在托辊 4 上，装在机架上。拉紧装置 5 给胶带正常运转所需的张紧力。工作时，电动机传递转矩给主滚筒通过与胶带之间的摩擦力带动胶带及胶带上的货载一同运行，当胶带绕经端部卸载滚筒时卸载。利用专门的卸载装置也可在中部任意位置卸载。

胶带输送机上股胶带称为重段胶带，由槽形支撑，以增大货载断面，提高输送能力；下股胶带称为回空段胶带，不装货载，用平形支撑。

（二）胶带输送机的适用范围

1. 适用倾角

胶带输送机可用于水平及倾斜运输。倾斜向上运输时，运送原煤时，允许倾角不大于

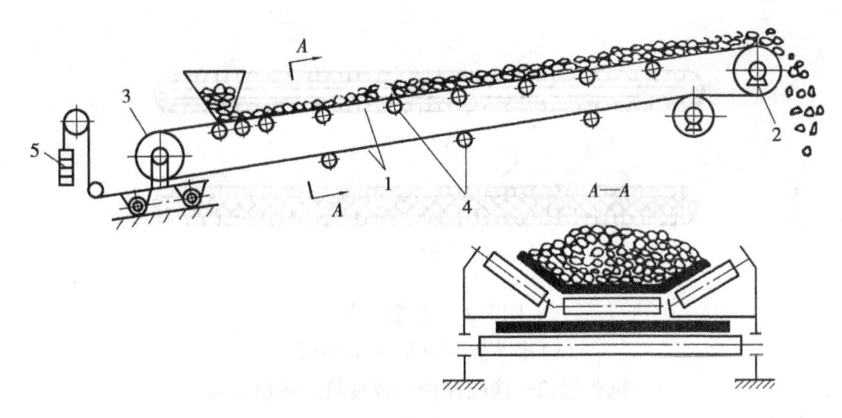

图 3-1 胶带输送机的组成及工作原理

1—胶带;2—主动滚筒;3—机尾换向滚筒;4—托辊;5—拉紧装置

20°,运送块煤时,倾角不大于 18°;向下运输时,倾角不大于 15°。若运送附着性和黏结性大的物料时,倾角还可以加大一些。

2. 适用地点

(1)采区顺槽多采用可伸缩胶带输送机。

(2)采区上下山及主要运输平巷采用绳架吊挂式或落地可拆式胶带输送机。

(3)平垌和主斜井采用固定式钢绳芯式胶带输送机或钢丝绳牵引式胶带输送机。

(4)地面选煤厂采用通用型固定式胶带输送机。

(三)胶带输送机的特点

1. 优点

胶带输送机运输能力大,工作阻力小,耗电量低,约为刮板输送机耗电量的 1/5 ~ 1/3;货载与胶带一起移动,磨损小,货载破碎性小,工作噪声低;结构简单,铺设长度大,减少转载次数,节省人员和设备。

2. 缺点

胶带成本高,初期投资大;强度低,易损坏,不能承受较大的冲击与摩擦;胶带输送机的机身高,需要专门的装载设备;不能用于弯曲巷道。

二、胶带输送机的结构

胶带输送机主要由胶带、机架、传动装置、拉紧装置、清扫装置及制动装置等部分组成。

(一)胶带(输送带)

胶带既是承载机构又是牵引机构,不仅要有足够的强度,还要有一定的挠性和弹性。胶带由芯体和覆盖层构成,芯体承受拉力,覆盖层保护芯体不受损伤和腐蚀。

1. 普通胶带

普通胶带主要用于通用固定式、绳架吊挂式及可伸缩式胶带输送机。带芯材料为棉、维纶、尼龙及条纶编织物,有多层黏合型和整体编织型,如图 3-2 所示。

(1)多芯胶带

由多层侵帆作带芯,经压延成型、帖覆盖胶和边胶、硫化结合成整体。上覆盖胶接触货载,厚度一般为 3 mm,下覆盖胶厚度一般为 1 mm。胶带强度是按每层帆布在 1 cm 宽度上承受的

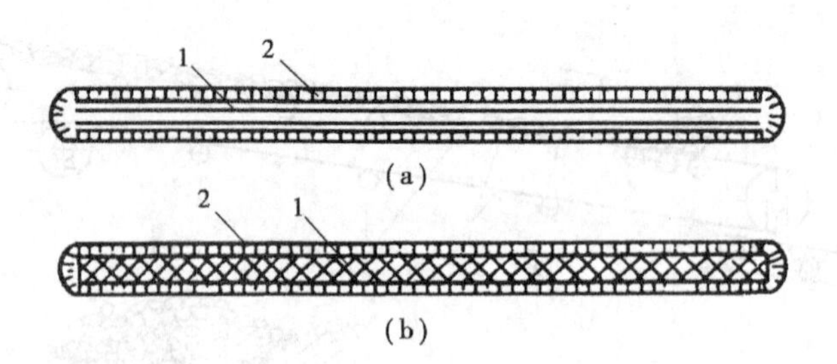

图 3-2　普通胶带

(a)多芯胶带;(b)整芯胶带

1—帆布层;2—橡胶保护层或聚氯乙烯覆盖层

径向拉力来计算的。

(2)整芯胶带

整芯胶带有整芯塑料胶带和整芯橡塑复合胶带两种。

塑料胶带由维纶棉纤混纺物(或尼龙-棉纤混纺织物)编织成的整体平带芯,经浸湖状聚化后,与刻有花纹的软覆盖面加热挤压而成。这种胶带原料丰富、成本低;整编带芯厚度小,不会发生层间开例;覆盖层损坏易修复。但伸长率较大,不耐低温,易老化,摩擦因数较低。

橡塑胶带带芯结构与塑料胶带相同,上下覆盖面用橡胶经硫化压制而成。这种胶带除具备塑料胶带的优点外,还具备有柔韧性好,不易打滑,爬坡角度大,低温适应性强等特点。

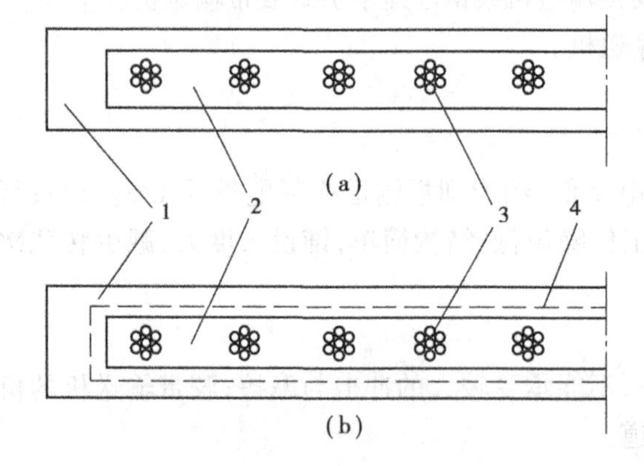

图 3-3　钢绳芯胶带结构

(a)普通型;(b)防撕裂型

1—覆盖胶;2—中间胶;3—钢丝绳芯;4—加强层

2. 钢绳芯胶带

钢绳芯胶带有普通型和加强型,如图 3-3 所示。普通型由纵向排列的钢丝绳作带芯,外包中间胶和覆盖胶制成。加强型又称防撕裂,在纵向钢丝绳与覆盖胶之间,加了 1 ~ 2 层由合成纤维绳或钢丝横向排列组成的横向加强层,增强了胶带的防撕裂性。

钢绳芯胶带的强度高,伸长小,抗冲击和耐弯曲性能好;带体柔软,成槽性好。故可长距离、大运量、高速度地铺设和运行。

普通胶带和塑料胶带在井下使用中一旦起火蔓延很快。我国有关部门已禁止非阻燃胶带在井下使用,并制订了"矿用阻燃输送带"标准,规定固定的试件对旋转的钢滚筒产生摩擦时,试件应完全不可燃的要求;导电性要求;酒精喷灯燃烧实验要求;常规巷道丙烷燃烧实验要求,并确定了实验方法。矿用阻燃输送带产品型号有:400S,500S,580S,680S,800S,1000S,1250S,1400S,1600S,2000S,2240S,2500S。型号中数字表示输送带整体纵向抗拉强度,N/mm;S 表示具有阻燃和抗静电性。

3. 胶带的连接

胶带出厂标准长度为 100 m,使用时按需要进行连接,其连接方法有机械连接法、硫化连接法、冷粘连接法和塑化连接法(塑料带用塑化连接法)。

(1)机械连接法

常用的有钩卡、钉扣、合页和夹板接。其中,钉扣连接法较好,连接强度接近胶带本身强度。专门的钉扣机有 DK-1 型,用于胶带厚度为 7 ~ 10 mm;DK-2 型,用于胶带厚度为 12 ~ 14 mm。如图 3-4(b)、(c)、(d)所示为其他机械连接法,连接时要注意胶带切口与其中心线必须垂直,连接件不能歪斜,以免造成沿宽度方向受力不均,运行时发生派偏或拉胶带的现象。

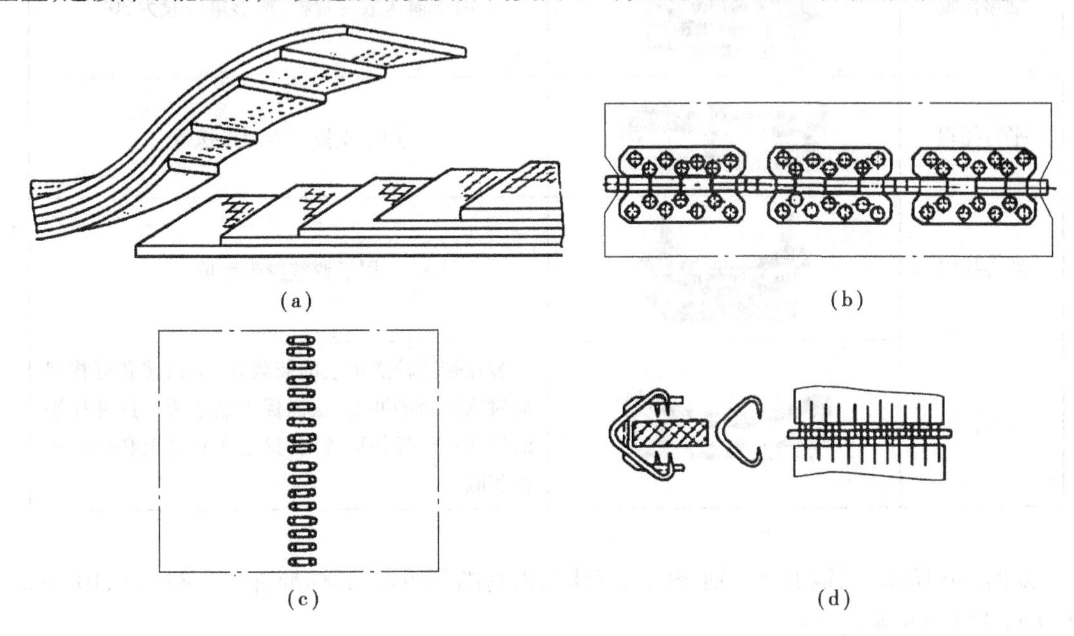

图 3-4　胶带的连接方法

(a)硫化连接;(b)合页连接;(c)夹板铆接;(d)钩卡连接

(2)硫化连接法

先将胶带按帆布层切成阶梯角切口(见图 3-4(a)),并使接头处很好地搭接,将连接用的胶料置于连接部位,再用专用的硫化设备加压硫化,连为整体。

(3)冷粘连接法

与硫化连接法相比,冷粘连接是将胶料涂在接口上后不需加温,施加适当的压力保持一定时间即可。冷粘连接法只适用于帆布层芯体的胶带。

(4)塑化连接法

对于帆布层芯体的胶带,接头的切口和接头搭接方向,与硫化连接相同,只是工艺不同;对于整编芯体的胶带,是将接头处的编织体拆散,然后将拆散的两端互相编结,包覆塑料片后施加适当的温度和压力。塑化接头的强度可达到胶带本身强度的 15% ~80%。

(二)托辊与机架

1. 托辊

托辊用来支撑胶带,减少胶带运行阻力,并使胶带悬垂度不超过一定限度,以保证胶带平稳运行。托辊安装在胶带输送机的机架上,由轴、轴承和标准套筒等组成,其结构及外形如图 3-5 所示。

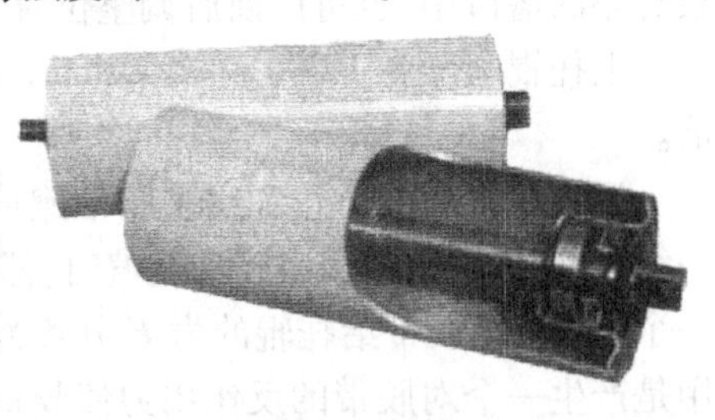

图 3-5　托辊

托辊的主要类型有槽形托辊、平行托辊、调心托辊和缓冲托辊,如表 3-1 所示。

表 3-1 托辊类型与用途

托辊类型	外形图	用 途
槽形托辊		用于输送散装货物,槽形角一般为 30°
平行托辊		用于支撑回空段输送带
调心托辊		用于调整胶带跑偏
缓冲托辊		装在带式输送机上的装载处,用以缓和货物载荷对输送带的冲击,从而保护输送带。这种托辊的结构和一般托辊相同,只是在套筒上套以若干橡胶圈

如图 3-6 所示,托辊由中心轴、轴承、管体及密封圈等组成,其标准直径有 89 mm,108 mm,133 mm,159 mm 等。

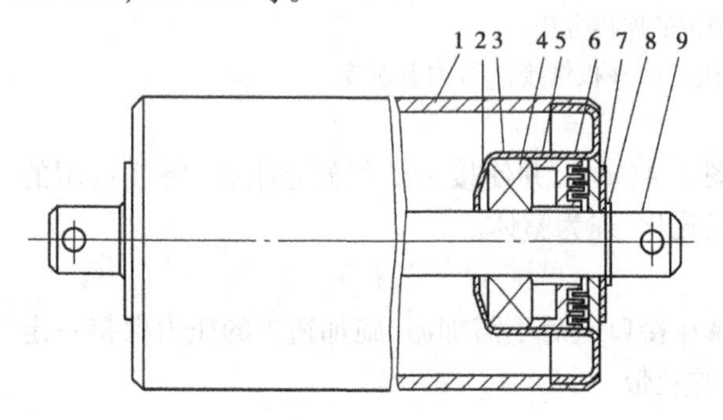

图 3-6 托辊结构

1—管体;2,7—垫圈;3—轴承座;4—轴承;5,6—内外密封圈;8—挡圈;9—轴

按材料分类,有无缝钢管和塑料;按用途分类,有槽形、平形、调心及缓冲。槽形支撑重段胶带,其槽角一般为 30°,工业上推荐槽角有 30°,35°和 45°。选择槽角主要是为了在带宽不变的情况下增加运输量。

托辊有单独支撑式和铰接悬挂式两种。前者安装时使每个都单独卡装在支架上。后者用于可拆移动式胶带输送机,槽型互相铰接,两侧用挂钩挂在机身纵梁上,且挂钩可前后移动 3 个位置,以实现胶带跑偏的纠正;平形托辊其轴端方头置于机架支座的槽口中,也可以前后调整位置。

上托辊间距为 1 000 ~ 1 500 mm,下托辊间距为 2 000 ~ 3 000 mm,或取上托辊间距的 2 倍。

调心托辊用于防止和纠正胶带跑偏。重载段每隔 10 组设一组,回空段每隔 6 ~ 10 组设一组,如图 3-7 所示。当胶带跑偏时,碰撞立辊 1,使其带动回转架 3 和槽形 2 向运行方向旋转一个角度 α。胶带给托辊的力 F 分解为沿轴线的力 F_1 和垂直于托辊轴线的力 F_2,而 F_1 的作用是产生一个对胶带的反作用力使胶带回正。

缓冲托辊装在机尾装载段,用以保护胶带,缓冲货载冲击。

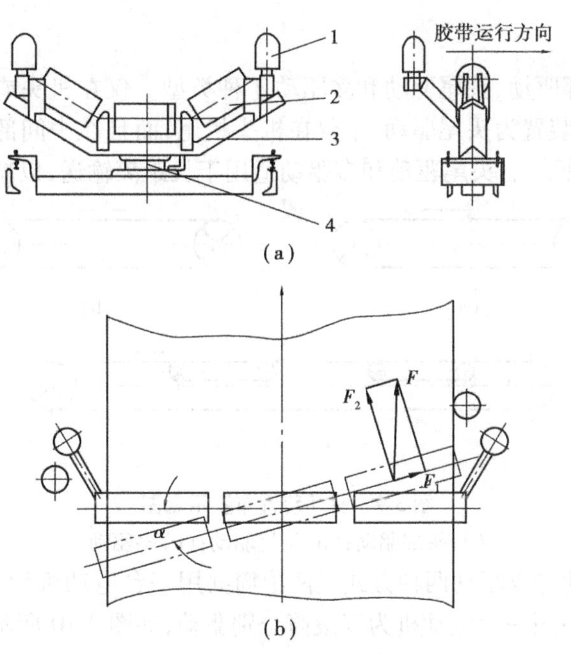

图 3-7 回转式调心托辊
(a)调心托辊结构;(b)调偏原理
1—立辊;2—槽形托辊;3—回转架;4—回转轴

2. 机架

机架用于安装托辊。胶带输送机有落地式和吊挂式两种机架。落地式机架又分为固定式和可拆移动式两种。它用于地面和井下主要运输巷道的固定通用型胶带输送机属于落地式固定机架,它固定在输送机机道的基础上,牢固稳定,服务年限长;用于采区巷道的胶带输送机,由于经常移动,一般均采用可拆式移动落地机架或吊挂式机架。如图 3-8 所示为可拆移动式落地式机架,在 H 形中间托架与机架之间采用插入及挂钩的联接方式,以销钉定位。整个机架无一螺栓,可实现快速安装和拆卸。

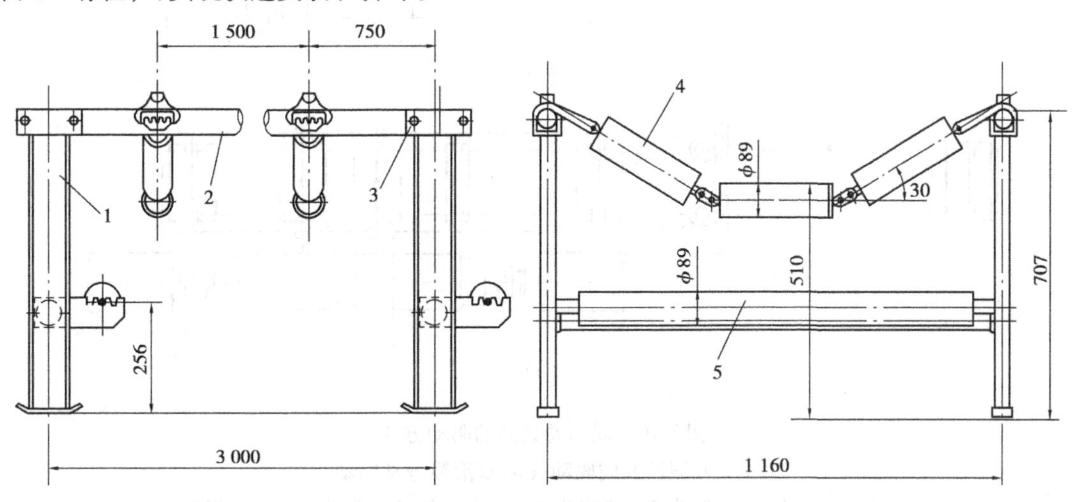

图 3-8 落地式机架与托辊
1—H 型中间托架;2—钢管纵梁;3—联接销;4—铰接槽型托辊组;5—平型下托辊

(三)驱动装置

胶带输送机有头部驱动、头尾驱动和多驱动 3 种类型。仅在机头或机尾设驱动装置为头部驱动;两端都设驱动装置为头尾驱动;不仅在机头机尾,而且在中间部位也设若干套驱动装置为多驱动,如图 3-9 所示。头尾驱动和多驱动适用于长距离输送,以减小胶带张力。

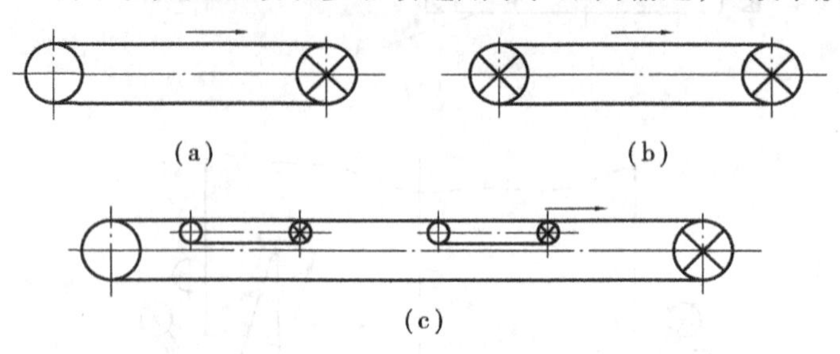

图 3-9　驱动装置布置示意图

(a)头部驱动;(b)头尾驱动;(c)多驱动

头部驱动有单驱动与双驱动两种方式。两滚筒共用一台电动机为双滚筒共同驱动(或称为串联驱动);两滚筒各用一台电动机为双滚筒分别驱动,如图 3-10 所示。向下运输倾角较大时,应采用尾部驱动。

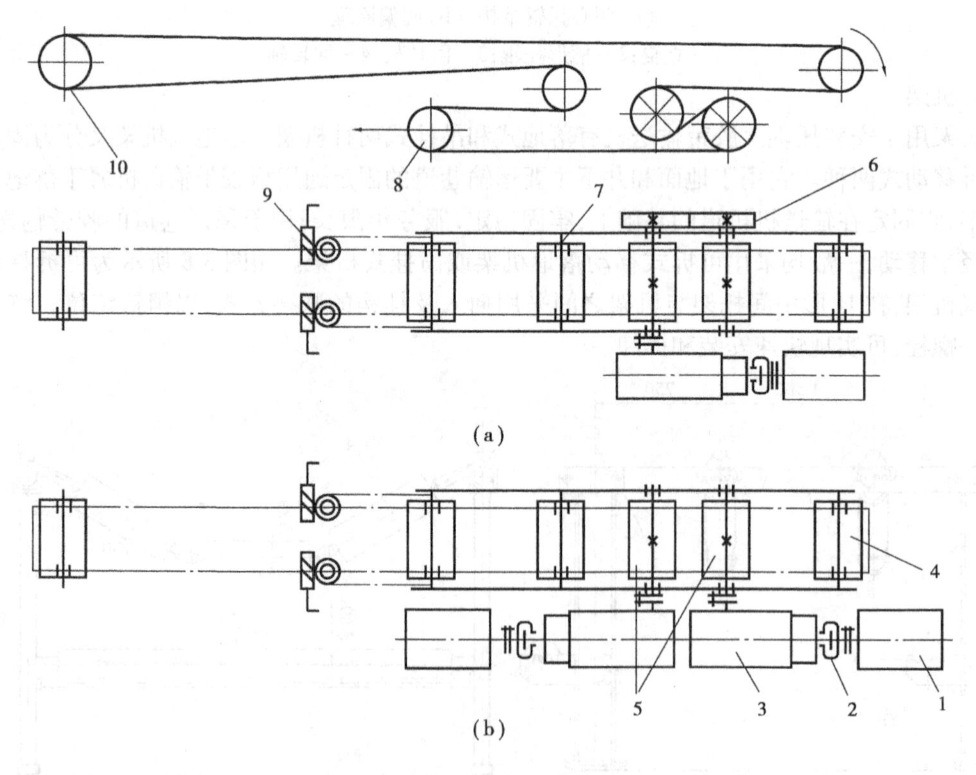

图 3-10　双驱动滚筒的驱动方式

(a)双滚筒共同驱动;(b)双滚筒分别驱动

1—电动机;2—液力耦合器;3—减速器;4—卸载滚筒;5—驱动滚筒;6—齿轮对;

7—换向滚筒;8—拉紧滚筒;9—手动蜗轮卷筒;10—机尾换向滚筒

驱动滚筒直径 D 与胶带带芯层数 i 或钢丝绳芯直径 d_k 之间的关系如下(单位 mm):

硫化接头胶带:

$$D \geqslant 125i$$

机械接头胶带:

$$D \geqslant 100i$$

移动式输送机:

$$D \geqslant 80i$$

钢丝绳芯胶带:

$$D \geqslant 150d_k$$

驱动滚筒的表面有光面、包胶面、铸胶面和铸塑面等,大功率输送机多采用包胶或铸胶滚筒以保证有足够的牵引力。

(四)拉紧及清扫装置

拉紧装置的作用是:使胶带具有足够的张力,以保证驱动装置所传递的摩擦牵引力和限定的胶带悬垂度。拉紧装置有螺旋式、重力式和钢丝绳式3种。

1. 螺旋式拉紧装置

如图3-11所示,螺旋式拉紧装置适用于拉紧行程小,要求结构紧凑的场合。

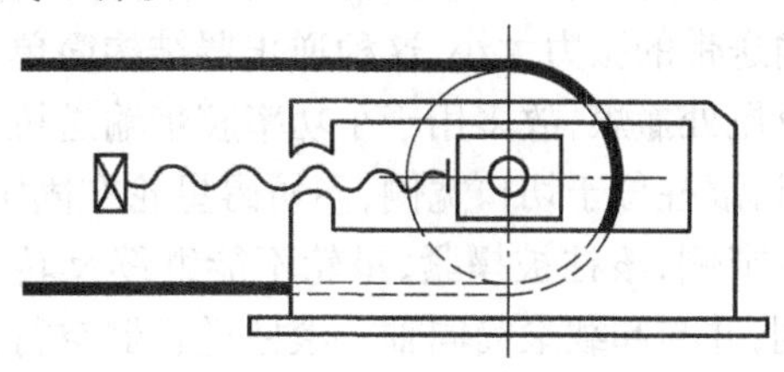

图3-11 螺旋式拉紧装置

2. 重力式拉紧装置

如图3-12所示,重力式拉紧装置适用于固定安装的胶带输送机,机构形式较多。其主要特点是胶带伸长,变形不影响拉紧力,但体大笨重。

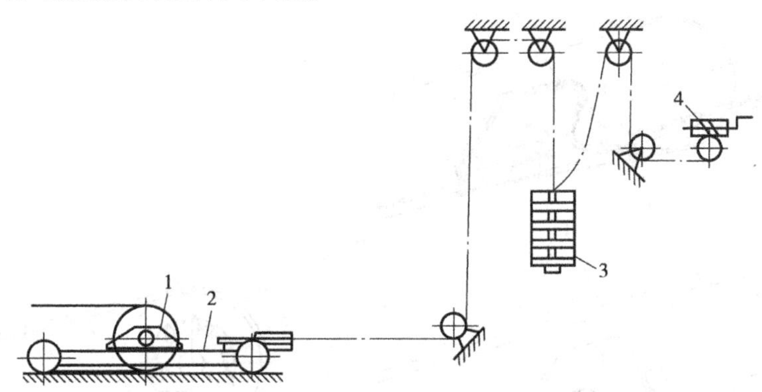

图3-12 重力式拉紧装置

1—拉紧滚筒;2—滚筒小车;3—重砣;4—手摇绞车

3. 钢丝绳式拉紧装置

钢丝绳式拉紧装置有两种形式,即绞车式和卷筒式。

(1)钢丝绳绞车式拉紧装置

是用绞车代替重力式拉紧装置中的重砣,以牵引钢丝绳改变滚筒位置,实现张紧胶带的目的。这种张紧方式,当胶带伸长变形时,需及时开动绞车张紧胶带以免张力下降。其优点是调整拉紧力方便,可实现自动化。满载启动时。可开动绞车适当增加张紧力;正常运转时,反转绞车适当减小拉紧力;滚筒打滑时,开动绞车加大拉紧力,以增加驱动滚筒的摩擦牵引力。

(2)钢丝绳卷筒式拉紧装置

如图 3-10 所示,转动手把,经蜗轮蜗杆减速器带动卷筒缠绕的钢丝绳移动,拉紧滚筒便可拉紧胶带。该装置广泛使用在采区运输巷道中的绳架吊挂式和可伸缩式胶带输送机上。

清扫装置是为卸载后的胶带清扫表面黏着物。清扫装置有刮板式、旋转刷式、指状弹性刮刀式、水力冲刷式及振动清扫式等。最简单的是刮板式清扫器,用重锤或弹簧使刮板紧压在胶带上实现清扫。

(五)制动装置

制动装置有逆止器和制动器两种。其中,逆止器用于倾角大于 4°向上运输的满载输送机,在突然断电或发生事故时停车制动,制动器用于各种情况的制动。

1. 逆止器

逆止器有塞带逆止器和滚柱逆止器两种。

如图 3-13(a)所示为塞带逆止器,胶带向上正向运行时,制动带不起作用;胶带倒行时,制动带靠摩擦力被塞入胶带与滚筒之间,因制动带另一端固定在机架上,依靠制动带与胶带之间的摩擦力,制止胶带倒行。制动摩擦力的大小,取决于制动带塞入输送带与滚筒之间的包角及输送带的张力大小,这种逆止器结构简单、容易制造,但必须倒转一段距离方可制动,容易造成机尾处撤煤,故多用于小功率胶带输送机。如图 3-13(b)所示为滚柱逆止器,输送机正常运行时,滚柱位于切口宽侧,不妨碍星轮在固定圈内转动;停车后胶带倒转使星轮反转,滚柱挤入切口窄侧,滚柱被揳紧,星轮不能继续反转,输送机被制动,这种逆止器安装于机头卸载滚筒两侧,并与卸载滚筒同轴。滚柱逆止器空行程小,工作可靠,在 TD 型胶带输送机中已系列化,有定型产品供选用。

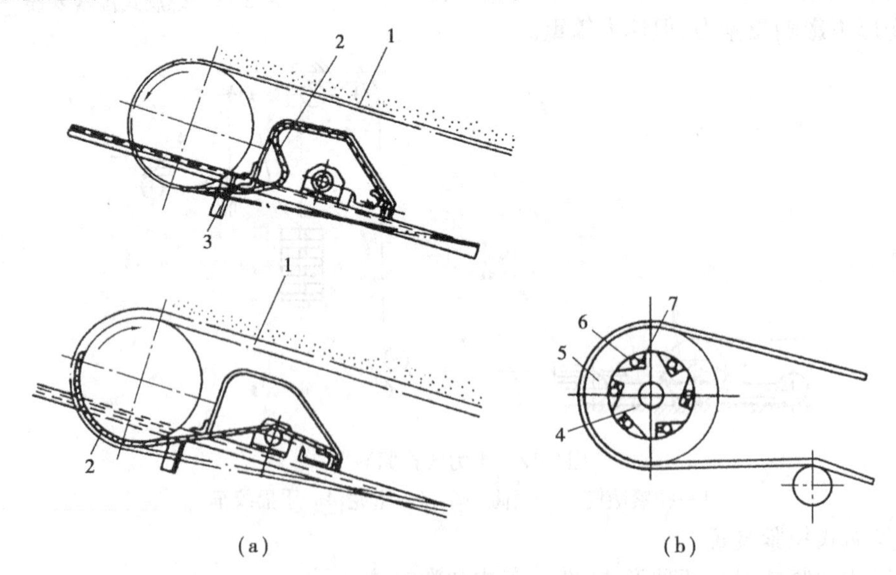

图 3-13 胶带输送机逆止器

(a)塞带逆止器;(b)滚柱逆止器

1—胶带;2—制动带;3—固定挡块;4—星轮;5—固定圈;6—滚柱;7—弹簧

2. 制动器

制动器有闸瓦制动器和盘式制动器。

如图3-14所示为采用电动机液压推杆的闸瓦制动器，安装在减速器输入轴的制动轮联轴器上。制动通电后，由电液驱动推动松闸；失电时弹簧抱闸。其制动力是由弹簧和杠杆加在闸瓦上的。

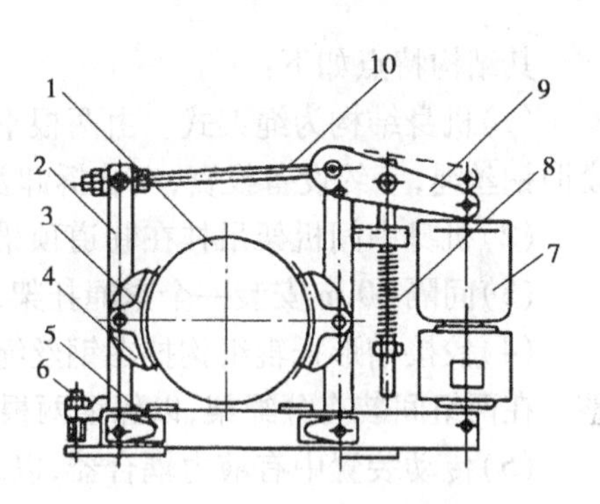

图3-14 电动液压推杆制动器

1—制动轮；2—制动臂；3—制动瓦衬垫；4—制动瓦块；5—底座；6—调整螺钉；7—电液驱动器；8—制动弹簧；9—制动杠杆；10—推杆

如图3-15所示为盘式制动器，安装在电动机与减速器之间，其中图3-15(a)为总体布置。图3-15(b)为盘式制动器。盘式制动器由制动盘、制动缸和液压系统组成，其工作原理与提升机的盘闸制动系统相同。

三、常见胶带输送机的结构特点

(一)绳架吊挂式胶带输送机

如图3-16所示为绳架吊挂式胶带输送机，主要用于采区顺槽、集中平巷和采区上、下山。

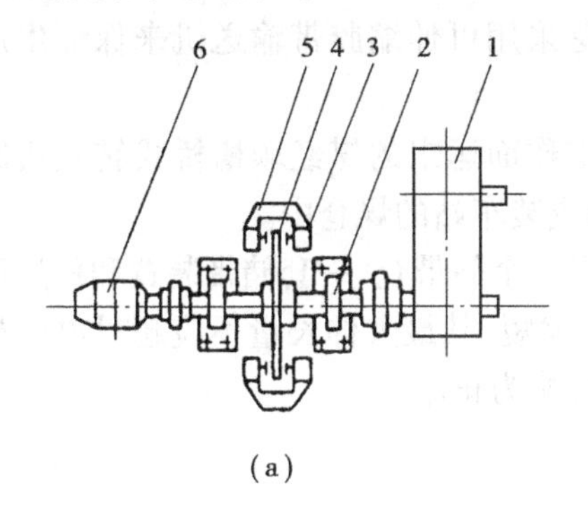

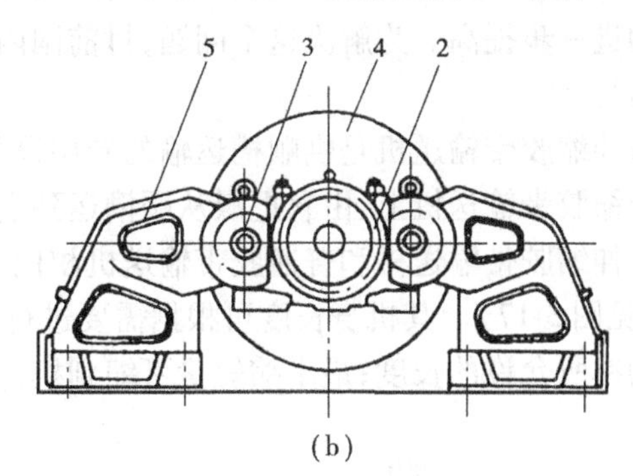

图3-15 盘式制动器

(a)总体布置；(b)盘式制动器组成

1—减速器；2—制动盘轴承座；3—制动缸；4—制动盘；5—制动缸支座；6—电动机

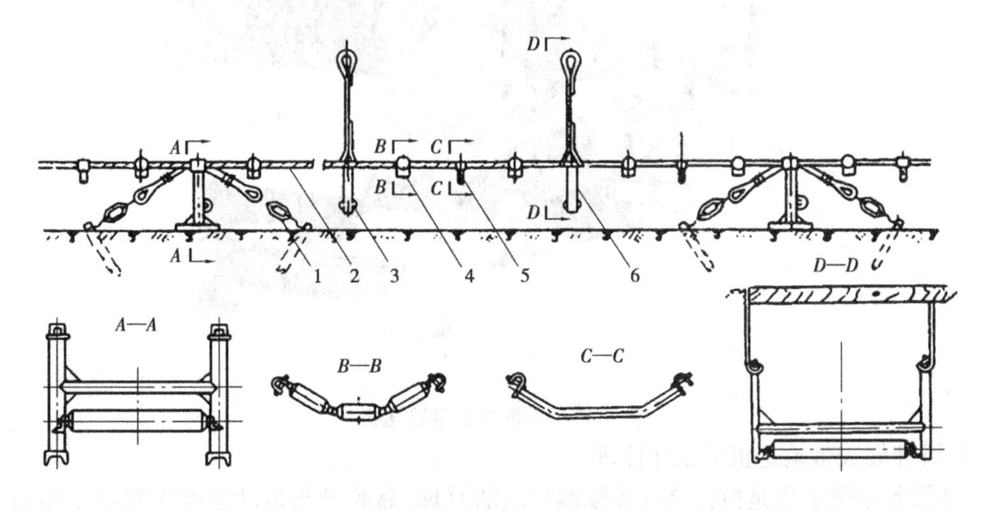

图3-16 绳架吊挂式机架

1—紧绳装置；2—钢丝绳机架；3—下托辊；4—铰接上托辊；5—分绳架；6—中间吊架

其结构特点如下：

(1)机身结构为绳架式。由两根平行钢丝绳代替刚性机架。结构简单，节省钢材，可利用废旧钢丝绳，节约设备投资，安装拆卸及调整均很方便。

(2)机身中间机架吊挂在巷道顶梁上，高度可调节，适应底板起伏不平，便于清扫巷道。

(3)间隔 60 m 安装一个紧绳托架，以张紧机架钢丝绳。

(4)铰接槽形托辊组钩挂在钢丝绳架上，可在任一侧拔下楔形销，前后移动组实现跑偏调整。在两组间装有分绳架，以保证两根钢丝绳的间距。

(5)传动装置中有液力耦合器，以改善启动性能；拉紧装置在机头附近，便于司机调节。

(二)可伸缩胶带输送机

1. 可伸缩胶带输送机的作用与工作原理

(1)可伸缩胶带输送机的作用

近年来，由于综采和高档普采机械化的迅速提高，工作面向前推进的速度越来越快。这样，拆移顺槽中运输设备的次数和花费的时间在总时间中所占的比重越来越大，影响了采煤生产率的进一步提高。为解决这个问题，目前国内外广泛采用可伸缩胶带输送机来保证生产的持续运行。

可伸缩胶带输送机是供顺槽运输的专用设备，由工作面运来的煤经顺槽桥式转载机卸载到可伸缩胶带输送机上，由它把煤从顺槽运到上、下山或装车站的煤仓中。

可伸缩胶带输送机和普通胶带输送机相比，增加了一个储带仓、一套储带装置和机尾牵引机构(见图 3-17)。其机身长度可根据需要进行伸长或缩短，其最大伸长量不应超过电动机的额定功率所允许的长度；最小缩短量可缩到机身不能再缩为止。

图 3-17　可伸缩胶带输送机

(2)可伸缩胶带输送机的工作原理

可伸缩胶带输送机是根据挠性体摩擦传动的原理，靠胶带与传动滚筒之间的摩擦力来驱动胶带运行，完成运输作业的，其工作原理如图 3-18 所示。随着工作面向前推进，一方面，由转载机运来的煤，通过胶带传送到卸载端；另一方面，机尾牵引绞车和拉紧绞车动作，缩短输送机，收回多余的胶带。

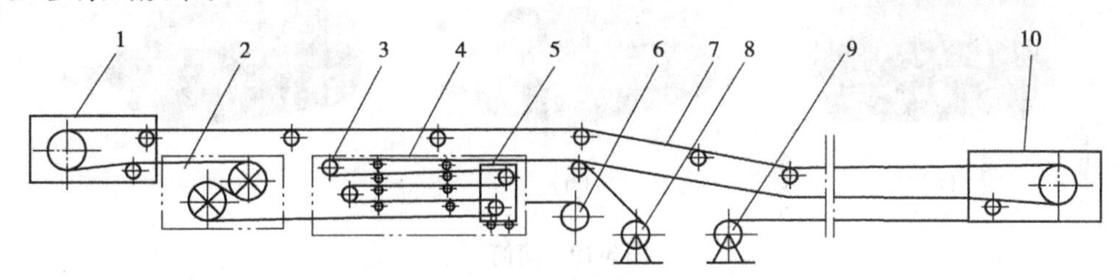

图 3-18　可伸缩胶带输送机工作原理

1—卸载端；2—传动装置；3—固定滚筒架；4—储带装置；5—活动小车及活动滚筒；
6—拉紧装置；7—胶带；8—胶带收放装置；9—机尾牵引滚筒；10—机尾

目前，我国使用最广泛的可伸缩胶带输送机是 SD-150 型胶带输送机。其类型符号 SD-150 的含义是：S——输送机，D——胶带，150——电动机功率为 150 kW。

2. SD-150 型胶带输送机

（1）主要技术特征（见表 3-2）

表 3-2　SD-150 型胶带输送的技术特征

项目名称		技术特征
输出能力		630 t/h
输出长度		770 m
胶带宽度		1 000 mm
胶带速度		2 m/s
储带长度		100 m
主电动机	型号	JDSB-75 型
	功率	2×75 kW
	转速	1 480 r/min
	电压	600 V
胶带类型		整芯编织尼龙带

（2）组成部分及结构

SD-150 型胶带输送机主要由机头部、储带装置、托辊和机架、胶带、拉紧装置、制动装置及清扫装置等组成，如图 3-17 所示。

①机头部

机头部包括传动装置和卸载端。传动装置主要由电动机、液力耦合器、减速器、主副传动滚筒和卸载滚筒等组成。

胶带输送机采用双电动机驱动。为了改善启动性能，并使两台电动机负荷分配趋于平衡，在减速器和电动机之间采用了 YL-450 型液力耦合器。

采用双滚筒传动，主要是为了增加胶带在传动滚筒上的围抱角，提高牵引力。传动滚筒是胶带输送机传递牵引力、驱动胶带运行的主要部件。滚筒的表面形式有光面、包胶和铸胶等，

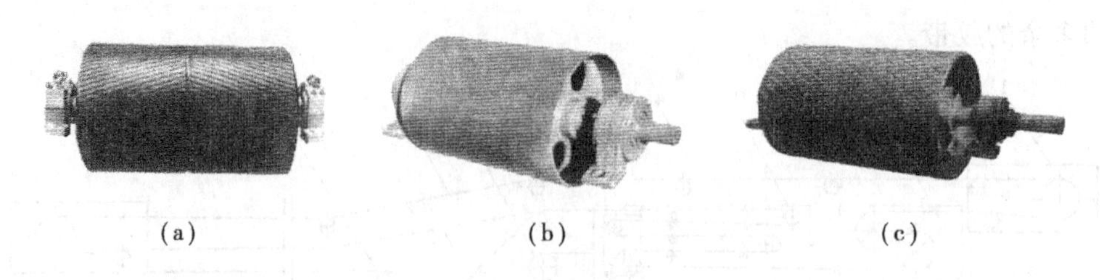

(a)　　(b)　　(c)

图 3-19　滚筒

(a)人字胶面滚筒;(b)光面传动滚筒;(c)菱形铸胶滚筒

如图 3-19 所示。

在小功率、不潮湿的情况下,可采用光面滚筒;在大功率、环境潮湿、易打滑的情况下,宜采用胶面滚筒,以提高牵引力;铸胶滚筒胶厚耐磨,有条件时应尽量采用。滚筒的外形可以做成圆筒形的,也可以做成中间大、两头小的双锥形,其锥度一般为 1∶1 000。后者用于胶带易跑偏的情况下。

为了卸载方便,在机头部的前端前伸一个装有卸载滚筒的卸载臂,卸载臂的用途是将承载胶带引到机头传动滚筒的前面,以便使煤经过卸载臂前端的卸载滚筒而卸到另外的胶带输送机上或煤仓里。同时,承载胶带经卸载滚筒而折返到传动滚筒上。卸载臂采用钢结构架子,用螺栓固定在机头架上,卸载臂上装有托辊架。

卸载滚筒一般采用心轴结构,工作时轴不动,而是固定在卸载架轴座之中,因它不是主动滚筒,故滚筒壳与轴承外圈一起随着胶带运行而转动。

在卸载滚筒的下部装有胶带清扫装置,它可以把胶带上的煤刮干净,以免黏在胶带上的煤带进传动滚筒,造成对胶带表面以及主传动滚筒表面的损伤。清扫装置一般为橡胶刮板,其对胶带的作用力是可以调节的。

②储带装置

储带装置用来把可伸缩胶带输送机伸长或缩短后多余的胶带暂时储存起来,以满足采煤工作面持续前进或后退的需要。储带装置装在机头部的后面,并分别绕过拉紧绞车上的两个滚筒和前端固定架上的两个滚筒,折返 4 次后向机尾方向运行。

③机架

机架用来安装和固定托辊,并支撑托辊、胶带以及货物的重量。机架常用角钢和槽钢组装而成。

(三)钢丝绳芯胶带输送机

钢丝绳芯胶带输送机又称强力胶带输送机。它主要用于平硐、主斜井、大型矿井的主要运输巷道及地面,作为长距离、大运量的运煤设备。它具有如下结构特点:

(1)用钢丝绳芯胶带代替普通胶带,抗拉强度高、功率大、运量大、运输距离长。还可设计成带有可调速液力耦合器的大倾角输送机。

(2)在大倾角运输时可增大重段托辊槽角,STJ800/2 ×220Q 型钢绳芯大倾角输送机就是一个实例,如图 3-20 所示。该输送机重段为 4 个托辊组成的槽形组,槽角分别为 20°和 60°,形成一个半圆弧状的深槽,使煤与胶带及煤与煤之间的接触面积增大(内外摩擦力增大),其向上运输的倾角可达 28°(实际使用的井筒倾角为 21°),机身长 700 m,输送量 300 t/h,带速

2 m/s,带宽800 mm,带破断强度20 000 N/cm,电动机功率2×220 kW,并设有胶带打滑、撕裂、跑偏、输送机过载等多种保护。

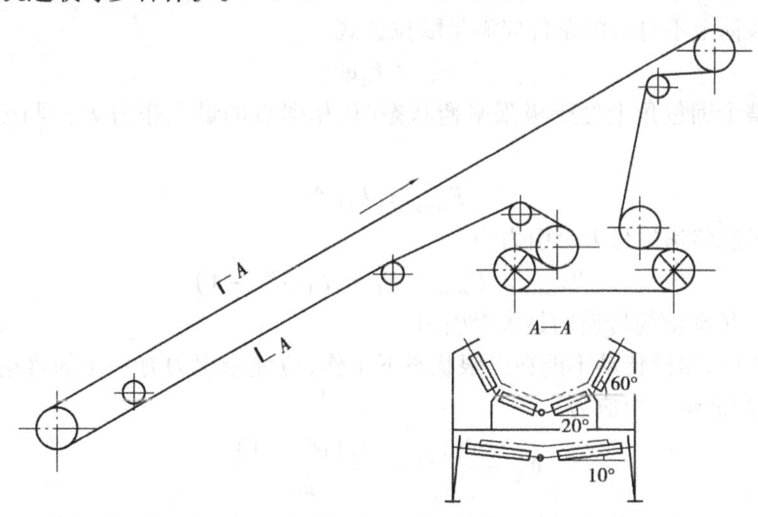

图3-20　STJ800/2×220Q型钢绳芯大倾角输送机

(四)双向伸缩胶带输送机

双向伸缩胶带输送机主要用于综掘工作面和普通掘进工作面的巷道正、反两个方向同时运输,也可用作回采工作面的运输作业。它具有如下结构特点:

(1)在上胶带向外运煤或矸石的同时,下胶带向掘进工作面运送支护材料(长度小于4 m的直线材料,工字钢木板等)。装料点位于储带仓的后面,卸料点随机尾延伸。

(2)机身采用落地架式,可随机尾伸长或缩短。

四、胶带输送机的牵引力及其提高方法

传动滚筒与胶带之间的摩擦力就是使胶带运行的牵引力。如图3-21所示,胶带在传动滚筒相遇点的张力为F_y,在分离点的张力为F_1,在4点和1点之间的摩擦力为W_0。以胶带为研究对象,将以上3个力对滚筒中心取矩,得平衡方程。

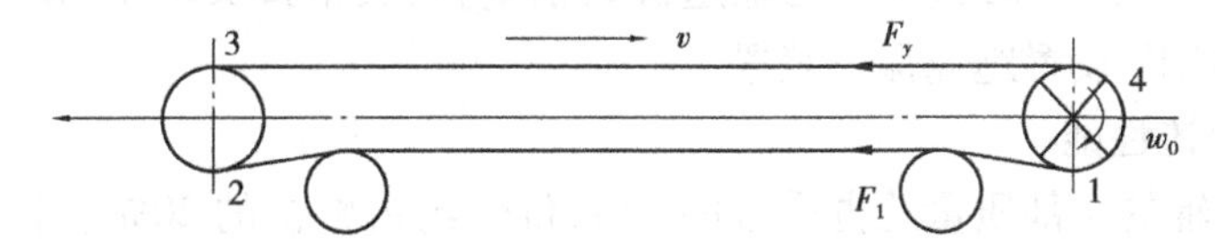

图3-21　胶带输送机传动原理

$$F_yR = W_0R + F_1R$$

化简上式,得牵引力计算式为

$$W_0 = F_y - F_1$$

式中　W——传动滚筒传递的牵引力;

R——传动滚筒半径。

当胶带拉紧力一定时,F_1为定值。如果输送机的负载增加,牵引力W将随着增加,也就是

胶带在相遇点的张力 F_y 将随着增加。当负载增加过多时，就会出现相遇点张力 F_y 与分离点张力 F_1 之差大于传动滚筒与胶带之间极限摩擦力的情况，胶带将在传动滚筒上反向打滑而不工作。胶带在滚筒上不打滑的条件应满足欧拉公式

$$F_y < F_1 e^{\mu\alpha}$$

当胶带在整个围包角上处于极限平衡状态时，相遇点的最大张力 F_{ymax} 与分离点张力 F_1 之间的关系为

$$F_{ymax} = F_1 e^{\mu\alpha}$$

传动滚筒可能传递的最大牵引力为

$$W_{0max} = F_{ymax} - F_1 = F_1(e^{\mu\alpha} - 1)$$

式中　W_{0max}——传动滚筒传递的最大牵引力。

在实际工作中，摩擦传动不能在极限状态下工作，应使牵引力有一定的富裕量作为备用。因此，设计时采用的牵引力应为

$$W_0 = \frac{W_{0max}}{k_0} = \frac{F_1(e^{\mu\alpha} - 1)}{k_0}$$

(1)增加胶带张紧力，是 F_1 增加，同时 F_y 也随着增加，胶带的强度不够，这样就必须增大胶带断面，从而导致传动装置尺寸加大，出现经济技术不合理，设计时不宜采用。运转中因胶带伸长，牵引力降低时，可适当增加胶带的拉紧力。

(2)增加围包角 α。可采用双滚筒或多滚筒传动。单滚筒传动时，可采用导向滚筒的方法使围包角达到230°左右。

(3)增加摩擦因数 μ，可采用包胶或铸胶滚筒。

五、胶带输送机运转中的常见问题

(一)胶带跑偏

胶带在运行中跑偏，是胶带输送机的普遍现象，其原因有：滚筒与胶带的中线不垂直；胶带接头受力不均；装载偏向一侧；滚筒局部黏煤粉；胶带本身质量不良。其防止的办法有：将滚筒制成适当的鼓形；将槽形两侧向前偏斜 2°～3°；在固定式输送机上配置调心组；提高安装质量，按规定要求机身应呈一直线，滚筒与输送机纵轴垂直，胶带接头均整；设计时，给托辊留少许斜装位置，供调偏用；设置跑偏保护装置。

(二)托辊的运转性能

胶带输送机托辊的全部质量约占质量的1/3，价值约占整机的20%。托辊的运转性能对输送机的运行阻力、功率消耗、运输成本都有很大影响。影响转动灵活性的关键因素是轴承，故使用中加强维护和润滑是十分重要的。

(三)传动滚筒打滑

滚筒持续打滑得不到纠正，会导致胶带着火的重大事故。打滑的原因有滚筒摩擦力降低(滚筒黏上泥水、胶带张力降低)、超载或胶带被卡住等。其防止办法有：不要超载，设置滚筒打滑保护装置，自动监视调整或停机处理。

(四)钢丝绳芯胶带纵行撕裂

钢丝绳芯胶带如在运行中被卡住后再继续运行，胶带就会被纵向撕裂。其解决办法是：防止物体卡住胶带，设置纵向撕裂保护装置。

任务2 胶带输送机的选型计算

胶带输送机的选型设计有两种:一种是成套设备的选用,这只需要验算设备用于具体条件的可能性;另一种是通用设备的选用,需要通过计算选择各组成部件,最后组合成适用于具体条件下的胶带输送机。

设计选型分为两步,即初步设计和施工。在此仅介绍初步设计。

初步选型设计胶带输送机,一般应给出下列原始资料:

①输送长度L(m)。

②输送机安装倾角β(°)。

③设计运输生产率A(t/h)。

④货载的散集密度p'(t/m^3)。

⑤货载在胶带上的堆积角α(°)。

⑥货载的块度α(mm)。

计算的主要内容如下:

①运输能力与胶带宽度计算。

②运行阻力与胶带张力的计算。

③胶带悬垂度与强度的验算。

④牵引力计算及电动机功率的确定。

一、胶带的运输能力与宽度、速度的计算与选择

胶带输送机输送能力为

$$m = 3.6qv$$

式中 m——胶带输送机输送能力,t/h;

v——胶带运行速度, m/s;

q——单位长度胶带内货载的质量,kg/m。

因为在选型计算中,胶带的速度是选定的,而单位长度的货载量q值决定于胶带上被运货载的断面积F(m^2)及其密度 (t/m^3),对于连续货流的胶带运输机单位长度质量为

$$q = 1\,000F\rho'$$

由上面两式可得

$$m = 3\,600Fvp'$$

货载断面积F是由梯形断面积F_1和圆弧面积F_2(见图3-22)组成。在胶带宽度B上,货载的总宽度为$0.8B$。中间辊长度为$0.4B$。货载在带面上的堆积角为α,并堆成一个圆弧面,其半径为r,中心角为2α。

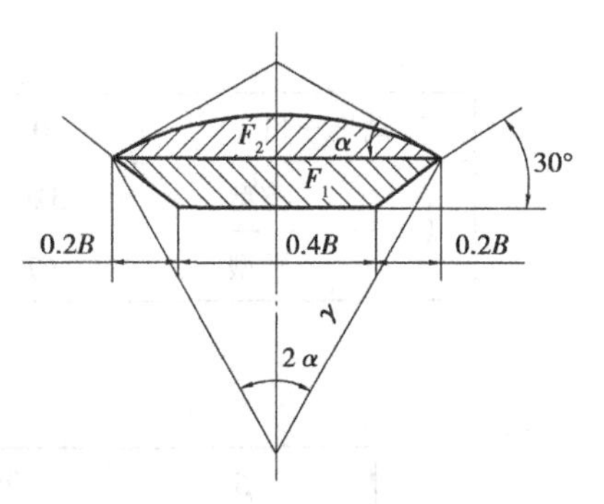

图3-22 槽形胶带上货载断面

则梯形面积为

$$F_1 = \frac{(0.4B + 0.8B)}{2} \times 0.2B\tan 30° = 0.069\,3B^2$$

圆弧面积为

$$F_2 = \frac{r^2}{2}(2\alpha - \sin 2\alpha) = \frac{1}{2}\left(\frac{0.4B}{\sin\alpha}\right)^2(2\alpha - \sin 2\alpha)$$

总面积为

$$\begin{aligned}F &= F_1 + F_2 \\ &= 0.069\,3B^2 + \frac{1}{2}\left(\frac{0.4B}{\sin\alpha}\right)^2(2\alpha - \sin 2\alpha) \\ &= \left[0.069\,3 + \frac{1}{2}\left(\frac{0.4}{\sin\alpha}\right)^2(2\alpha - \sin 2\alpha)\right]B^2\end{aligned}$$

式中　α——货载的堆积角,(°),各种货载的堆积角见表3-3。

化简后得胶带运输机的运输能力为

$$m = kB^2 v p' C$$

式中　B——胶带宽度,m;

v——带速,m/s;

ρ'——货载散集密度,t/m³(见表3-3);

k——货载断面系数,$k = 3\,600\left[0.069\,3 + \frac{0.08}{\sin^2\alpha}(2\alpha - \sin 2\alpha)\right]$,$k$值与货载的堆积角$\alpha$值有关,$\alpha$值可由表3-3查得,$k$值也可以从表3-4查得;

C——运输机倾角系数,即考虑倾斜运输时运输能力的减小而设的系数,其值见表3-5。

表3-3　各种货载散集密度及货载的堆积角

货载名称	$p'/(\mathrm{t\cdot m^{-2}})$	α	货载名称	$p'/(\mathrm{t\cdot m^{-2}})$	α
煤	0.8~1.0	30°	石灰岩	1.6~2.0	25°
煤渣	0.6~0.9	35°	砂	1.6	30°
焦炭	0.5~0.7	35°	黏土	1.8~2.0	35°
黄铁矿	2.0	25°	碎石砾石	1.8	20°

表3-4　货载断面系数表

动堆积角 α		10°	20°	25°	30°	35°
k	槽型	316	385	422	458	466
	平型	67	135	172	209	247

表3-5　运输机倾角系数表

β	0°~7°	8°~15°	16°~20°
C	1.0	0.95~0.9	0.9~0.8

如给定使用地点的设计运输生产率为A,则令$m = A$代入,那么按运输生产率要求的最小胶带宽度为

$$B = \sqrt{\frac{A}{kvp'C}}$$

按上式求得的为满足一定的运输生产率 A 所需的宽度，还必须按物料的宽度进行校核。

对于未过筛的松散货载(如原煤)：

$$B \geqslant 2\alpha_{max} + 200 \text{ mm}$$

对于经过筛分后的松散货载：

$$B \geqslant 3.3\alpha_p + 200 \text{ mm}$$

式中　α_{max}——货载最大块度的横向尺寸，mm；

α_p——货载平均块度的横向尺寸，mm。

不同宽度的胶带运送货载的最大块度建议按表3-6来选用。最后根据国家标准取与需要相近的胶带宽度。如果不能满足块度要求，则可把带宽提高一级，但不能单从块度考虑把带宽提高两级或两级以上，否则将造成浪费。

表3-6　各种带宽允许的最大货载块度表

B/mm	500	650	800	1 000	1 200	1 400	1 600	1 800	2 000
α_p/mm	100	130	180	250	300	350	420	480	540
α_{max}/mm	150	200	300	400	500	600	700	800	900

二、运行阻力与胶带张力的计算

(一)运行阻力的运算

1. 直线段运行阻力

如图3-23所示为胶带运输机的运行阻力计算示意图。图中3-4为运送货载段，胶带在这一段托辊上所遇到的阻力，为重段运行阻力，用 W_{zh} 表示；1-2段为回空段，胶带在这一段的阻力为回空段运行阻力，用 W_h 表示。一般情况下，重段和空段运行阻力可分别表示为

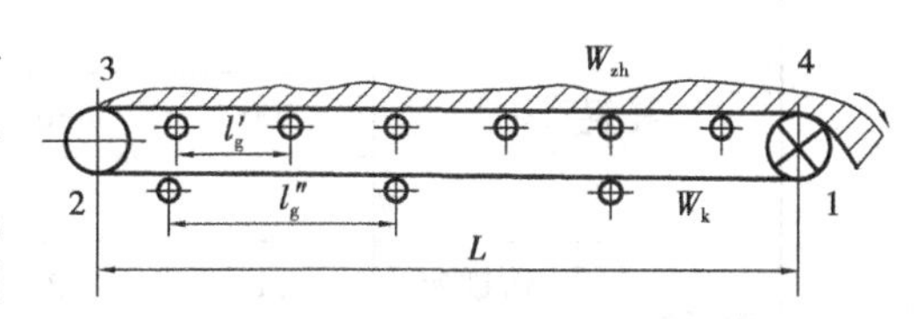

图3-23　胶带运输机运行阻力计算示意图

$$W_{zh} = g(q + q_d + q_g')L\omega'\cos\beta \pm g(q + q_d)L\sin\beta$$

$$W_k = g(q_d + q_g'')L\omega''\cos\beta \mp gq_dL\sin\beta$$

式中　β——运输机的倾角，其中 $\sin\beta$ 项的符号，当胶带在该段的行方向是倾斜向上时取正号，倾斜向下时取负号；

L——输送机长度，m；

ω',ω''——槽型，平行托辊阻力系数，见表3-7；

q——每米长的胶带上货载质量，kg/m；

q_g',q_g''——折算到每米长度上的上、下托辊转动部分的质量，kg/m，即

$$q_g' = \frac{G_g'}{L_g'}$$

$$q_g'' = \frac{G_g''}{L_g''}$$

表 3-7 托辊阻力系数表

工作条件	ω'(槽形)		ω''(平形)	
	滚动轴承	含油轴承	滚动轴承	含油轴承
清洁、干燥	0.02	0.04	0.018	0.034
少量尘埃、正常温度	0.03	0.05	0.025	0.040
大量尘埃、湿度大	0.04	0.05	0.035	0.056

式中 G'_g,G''_g——每组上、下托辊转动部分质量,kg,见表 3-8;

L'_g——上托辊间距,一般取 1 ~1.5 m;

L''_g——下托辊间距,一般取 2 ~3 m;

q_d——每米长的胶带自身质量,kg/m,普通帆布胶带每米长度的质量可按下式计算

$$q_d = 1.1B(\delta_i + \delta_1 + \delta_2)$$

式中 1.1——胶带平均密度,t/m^3;

B——胶带宽度,m;

i——胶带帆布间层数;

δ——一层帆布的厚度,mm;对于带强 $P=560$ N/cm 层的帆布胶带平均取 $\delta=1.25$ mm,对于带强 $P=960$ N/cm 层的强力棉帆布胶带平均取 $\delta=2$ mm;

δ_1——胶带上保护层厚度,$\delta_1=3$ mm;

δ_2——胶带下保护层厚度,$\delta_2=1$ mm。

表 3-8 托辊转动部分质量表

托辊形式		带宽 B/mm					
		500	650	800	1 000	1 200	1 400
		G'_g,G''_g/kg					
槽形托辊	铸铁座	11	12	14	22	25	27
	冲压座	8	9	11	17	20	22
平形托辊	铸铁座	8	10	12	17	20	23
	冲压座	7	9	11	15	18	21

2. 曲线段运行阻力

胶带输送机牵引机构绕经滚筒时会产生曲线段运行阻力,其计算如下:

牵引机构绕经从动滚筒时的曲线段阻力 $W_{从}$ 按下式计算

$$W_{从} = (0.05 \sim 0.07)S'_Y$$

牵引机构绕经主动滚筒时的曲线短阻力 $W_{主}$ 按下式计算

$$W_{主} = (0.03 \sim 0.05)(S_Y + S_L)$$

式中 S'_Y——牵引机构与从动滚筒相遇点的张力;

S_Y——牵引机构与主动滚筒相遇点的张力;

S_L——牵引机构与主动滚筒分离点的张力。

(二)胶带张力的计算

胶带张力的计算方法有两种:一种是根据的摩擦传动条件,利用“逐点计算法”首先求出胶带上各特殊点的张力值,然后验算胶带在两组托辊间的悬垂度不超过允许值;另一种是首先按照胶带在两组托辊间允许的悬垂度条件,给定胶带输送机重段最小张力点的张力值,然后按“逐点计算法”计算出其他各点的张力,最后验算胶带在主动滚筒上摩擦力传动不打滑的条件,即使之满足$\frac{S_Y}{S_L} < e^{\mu\alpha}$的条件。计算上山运输胶带输送机,当牵引力 $W_0 < 0$ 时,往往采用第二种方法。

下面以第一种计算方法介绍胶带张力的计算。

(1)以主动滚筒的分离点为1点依次定为2,3,4点,据“逐点计算法”,列出 S_1 与 S_4 的关系(见图3-23):

$$S_2 = S_1 + W_k$$
$$S_3 = S_2 + W_{2\text{-}3}$$
$$S_4 = S_3 + W_{zh}$$
$$S_4 = S_1 + W_{zh} + W_k + W_{2\text{-}3}$$

式中　$W_{2\text{-}3}$——胶带绕经导向滚筒所遇到的阻力,$W_{2\text{-}3} = (0.05 \sim 0.07)S_2$。

(2)按摩擦传动条件并考虑摩擦力备用问题找出 S_2 与 S_4的关系:

因为
$$S_4 - S_1 = W_0 = \frac{W_{max}}{m'} = \frac{S_1(e^{\mu\alpha} - 1)}{m_1}$$

所以
$$S_4 = S_2 + \frac{S_1(e^{\mu\alpha} - 1)}{m_1} = S_1\left(1 + \frac{e^{\mu\alpha} - 1}{m'}\right)$$

式中　m'——摩擦力备用系数,设计一般取 $m' = 1.15 \sim 1.2$;

μ——胶带与滚筒之间的摩擦系数,可按表3-9取,对于井下一般取 $\mu = 0.2$。

表3-9　摩擦系数 μ 及 $e^{\mu\alpha}$ 值

滚筒表面材料及空气干湿程度	摩擦系数 μ	以度和弧度为单位的围包角 α							
		180°	210°	240°	300°	360°	400°	450°	480°
		3.14	3.66	4.19	5.24	6.28	7.00	7.85	8.38
		相应的 $e^{\mu\alpha}$ 值							
铸铁或钢滚筒 空气非常潮湿	0.10	1.37	1.44	1.52	1.69	1.87	2.02	2.19	2.32
滚筒上包有木材或橡胶衬面 空气非常潮湿	0.15	1.60	1.73	1.87	2.19	2.57	2.87	3.25	3.51
铸铁或钢滚筒 空气潮湿	0.20	1.87	2.08	2.31	2.85	3.51	4.04	4.84	5.34
铸铁或钢滚筒 空气干燥	0.30	2.56	3.00	3.51	4.81	6.59	8.17	10.50	12.35
带木材衬面的滚筒 空气干燥	0.35	3.00	3.61	4.33	6.27	9.02	11.62	15.60	18.78
带橡胶衬面的滚筒 空气干燥	0.40	3.51	4.33	5.34	8.12	12.35	16.41	23.00	28.56

(3)联解公式即可求出 S_2 与 S_4 的值;同时可算出其他各点的张力值。

三、悬垂度与强度验算

(一)悬垂度验算

为使胶带输送机的运转平稳,胶带两组托辊间悬垂度不应过大。胶带的垂度与其张力有关,张力越大,则垂度越小;张力越小,则垂度越大。胶带张力与悬垂度的关系如图 3-24 所示。

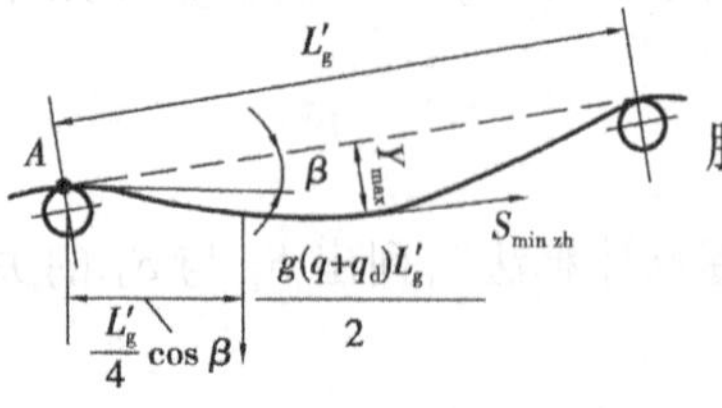

图 3-24 托辊间胶带的悬垂度

从两托辊间的中点取分离体,并取 $\sum M_A = 0$,则对于重段胶带

$$S_{\min zh}[Y_{\max}] = \frac{g(q+q_d)L'_g}{2}\frac{L'_g\cos\beta}{4} = \frac{g(q+q_d)L'^2_g\cos\beta}{8}$$

$$S_{\min h} = \frac{g(q+q_d)L'^2_g\cos\beta}{8[Y_{\max}]}$$

式中 $[Y_{\max}]$——胶带最大允许下垂度,计算时可取 $[Y_{\max}] = 0.025L'_g$;

$S_{\min h}$——重段胶带最小张力,N;

L'_g——重段两组托辊间距,m;

β——输送机安装倾角,(°);

q, q_d——货载及胶带每米长度质量,kg/m。

将 $[Y_{\max}]$ 的值代入式中,可得重段胶带允许的最小张力为

$$S_{\min h} = \frac{g(q+q_d)L'^2_g\cos\beta}{8[Y_{\max}]} = \frac{g(q+q_d)L'^2_g\cos\beta}{8\times 0.025L'_g} = 5(q+q_d)L'_g g\cos\beta$$

同理,可得空载段胶带允许的最小张力为

$$S_{\min k} = 5q_d g L''_g \cos\beta$$

在一般情况下,空载段胶带的最小张力比较容易满足垂度要求,故通常只验算重载段的悬垂度。

若按“逐点计算法”求得的胶带重段最小张力不能满足公式要求时,则必须加大重段最小张力点的张力,使其满足悬垂度条件的要求,然后再从新用“逐点计算法”计算其他各点张力,最后验算胶带在主动滚筒上不打滑条件。

(二)胶带强度的验算

根据上面“逐点计算法”计算出的最大张力点最大张力 $S_{\max}$,进行强度的验算。其原则为

$$胶带允许承受的最大张力 = \frac{胶带的拉断力}{安全系数} \geq 输送带所承担的实际最大张力$$

1. 普通帆布层胶带强度的验算

对于普通帆布层胶带可允许承受的最大张力为

$$[S_{max}] = \frac{BPi}{n'}$$

式中　$[S_{max}]$——胶带允许承受的最大张力，N；

B——胶带宽度，cm；

P——一层帆布每厘米宽的拉断力，N/(cm·层)；普通型棉帆布胶带 $P = 560$ N/(cm·层)，强力型棉帆布胶带 $P = 960$ N/(cm·层)；

n'——胶带的安全系数，见表3-10。

表3-10　棉帆布芯橡胶带安全系数

帆布层数 i		3～4	5～8	9～12
n'	硫化接头	8	9	10
	机械接头	10	11	12

2. 钢丝绳芯胶带的强度验算

对于钢丝绳芯胶带所允许承受的最大张力为

$$[S_{max}] = \frac{BG_x}{n'}$$

式中　G_x——每厘米宽钢丝绳芯胶带的拉断力，N/cm；

n'——钢丝绳芯胶带安全系数，要求 n' 不小于7，重大载荷时一般可取10～12。

结论：按公式计算出的数值大于或等于按"逐点计算法"求出的最大张力点的最大张力值，即 $[S_{max}] \geq S_{max}$ 则胶带强度就算满足要求。

四、牵引力与功率计算

如图3-21所示的输送机主轴牵引力为

$$\begin{aligned} W_0 &= S_y - S_L + W_{4\text{-}1} \\ &= S_4 - S_1 + (0.03 \sim 0.05)(S_4 + S_1) \end{aligned}$$

电动机功率为

$$N = \frac{W_0 v}{1\,000\eta}$$

式中　v——胶带运行速度，m/s；

η——减速器的机械效率，$\eta = 0.8 \sim 0.85$。

应该指出，当倾角稍大（一般 $\beta > 6°$）时上山胶带运输机将以发电机方式运转，此时 $W_0 < 0$，因此应按下式计算电机发电时的反馈功率，即

$$N = \frac{W_0 v' \eta}{1\,000}$$

式中　v'——电动机超过同步转速时，胶带运行速度 $v' = 1.05v$。

还应指出，上山输送机在空转运行时，有时仍按电动机方式运转，因此，还必须计算空载运行时电动机所需功率，即

$$N' = \frac{W'_0 v}{1\ 000\eta}$$

式中　W'_0——空载时主轴的牵引力,N。

根据上面公式计算的结果,取较大值作为胶带运输机所需要的功率。

选择电动机容量时,仍应考虑15% ~20%的备用功率。

任务3　胶带输送机的操作

(一)启动与停止操作

1.开机(启动)

开机时,取下控制开关上的停电牌,合上控制开关,发出开机信号并喊话,让人员离开输送机转动部位,先点动2次,再转动1圈以上,并检查下列各项:

(1)各部位运转声音是否正常,胶带有无跑偏、打滑、跳动或刮卡现象,胶带松紧是否合适,张紧拉力表指示是否正确。

(2)控制按钮、信号、通信等设施是否灵敏可靠。

(3)检查、试验各种保护是否灵敏可靠。

上述各项检查与试验合格后,方可正式操作运行。

2.停机(停止)

接到收工信号后,将胶带输送机上的煤岩完全拉净,停止电动机,将控制开关手柄扳到断电位置,锁紧闭锁螺栓,即完成了停机。

3.输送机司机操作的安全规定

(1)严禁人员乘坐胶带输送机,不准用胶带输送机运送设备和笨重物料。

(2)输送机的电动机及开关附近20 m以内风流中瓦斯浓度达到1.5%时,必须停止工作,切断电源,撤出人员,及时处理。

(3)输送机运转时,禁止清理机头、机尾滚筒及其附近的煤岩。不许拉动运输送带的清扫器。

(4)在检修煤仓上口的机头卸载滚筒部分时,必须将煤仓上口挡严。

(5)处理输送带跑偏时严禁用手、脚及身体的其他部位直接接触输送带。

(6)拆卸液力耦合器的注油塞、易熔塞、防爆片时应戴手套,面部须躲开喷油方向,轻轻拧松几扣后停一会,待放气后再慢慢拧下。禁止使用不合格的易熔塞、防爆片或使用代用品。

(7)在输送机上检修、处理故障或做其他工作时,必须闭锁输送机的控制开关,挂上“有人工作,不许合闸”的停电牌。除处理故障外,不许开倒车运转。严禁站在输送机上点动开车。

(8)除控制开关的接触器触头黏住外,禁止用控制开关的手柄直接切断电动机。

(9)必须经常检查输送机巷道内的消防及喷雾降尘设施,并保持完好有效。

(10)认真执行岗位责任制和交接班制度,不能擅离岗位。

(二)储带装置收放胶带的操作

1.收放胶带操作

如图3-18所示,当需要缩短胶带时,用机尾牵引绞车6拉动机尾前移,再运行拉紧绞车4,拉动储带装置的活动折返滚筒,将松弛的胶带拉紧;当需要伸长胶带时,使拉紧绞车4和机尾牵引绞车6松绳,机尾后移,把储带仓中的胶带放出,活动滚筒前移。根据缩短或伸长的距离,可相应地拆卸或增加中间机架。胶带输送机伸缩作业完成后,用拉紧绞车以适当的拉力把胶带拉紧,以保证胶带输送机的正常运行。

2.操作注意事项

(1)缩回带式输送机机尾时,先拆去机尾的中间架3~4节,用千斤顶和牵引链把机尾缩回,所有人员要远离机尾。然后开动拉紧绞车,输送带缩减后应将千斤顶缩回。

(2)当储存段(可分为2层、4层和6层)已经存满输送带时,应将多余的输送带拆除,拆除后应保证输送带不跑偏、机尾要固定牢靠,如是吊挂式输送带机应保持两钢丝绳松紧一致。

(3)拆下的输送带应用卷筒卷好,存放到干燥地点或升井入库。

(4)做接头时必须远离机头,确保安全。

(5)严禁随意割断输送带。

任务4 胶带输送机的安装及故障处理

在生产中,可伸缩胶带输送机容易出现胶带跑偏、减速器漏油、电动机温度过高等现象,这些都是胶带输送机的常见故障。这些故障发生后,必须及时分析其产生原因,并对故障进行处理,避免发生大的生产安全事故。

一、安装前的准备工作

(1)根据巷道中心定出输送机的中心线。按照规程规定尺寸来修整巷道,并给出输送机准确的装载点和卸载点。巷道准备的好坏直接关系着输送机的安装质量和安装速度。

(2)在把设备运入井下之前,负责安装的人员必须要熟悉设备和有关图样资料。

(3)在拆卸任何较大的部件前,应该按照组装图上的编号打上记号,以便在矿下安装。

(4)对于外露的轴承及齿轮,必须用适当的保护罩保护起来。

(5)清理、平整安装地点,并设置好用于起重的吊挂横梁。

二、安装顺序

安装伸缩胶带输送机一般按以下顺序进行:

(1)传动装置和卸载臂部分。

(2)储带装置和卷带装置。

(3)中间架。

(4)机尾部。

(5)胶带。

三、可伸缩胶带输送机的完好标准见表 3-11

表 3-11　可伸缩胶带输送机的完好标准

序号	检查项目	完好的标准	备　注
1	螺栓、垫圈、背帽、油堵、护罩	齐全、完整、坚固,所有的螺栓紧固合格后露出1～3扣螺纹	
2	液力耦合器	按规定加入介质后,以注液孔与水平夹角呈45°时介质从注液孔溢出为准	
3	减速器	齿轮磨损不超过厚度20%,轴承温度不超过75 ℃,最大间隙不超过0.3 mm,油量适量不渗油,无异响	
4	滚筒及清扫装置	滚筒无破裂,机头、机尾装有清扫器,机尾有护板,转动灵活	
5	胶带、机架、托辊	胶带不打滑、不跑偏;接头卡子平整;托辊齐全,转动灵活;机架平直	运行中,上胶带不超过托辊边缘,下胶带不磨机架
6	张紧装置	张紧装置不跑偏,部件齐全,滑轮转动灵活	
7	电动机	符合电动机完好标准,接地良好	
8	信号装置	信号清晰畅通,灵敏可靠	
9	保护装置	胶带输送机"三大保护"齐全,灵敏、可靠	

(一)可伸缩胶带输送机的安装

(1)清理、平整从机头到储带装置间约35 m长的巷道底板,以便安装输送机的固定部分。

(2)将吊挂主钢丝绳运至安装中心线两侧,铺开。

(3)按下列顺序将输送机各部件运至安装位置,即机尾、托绳架、吊架及托辊、滑轮撬、拉紧绞车、储带装置(包括胶带张紧车、托辊小车和轨道)及机头传动部分,然后根据已确定的位置按总图样要求顺序安装,各部分沿中心线方向不能偏斜。

安装过程中,固定好机头架、储带装置、机尾及机身架,用千斤顶将机头传动装置的减速器吊起,对接到传动滚筒上。以同样的方法将液力耦合器对接到减速器上,将电动机对接到液力耦合器上。如果位置不正要及时调整,部件之间固定要牢靠。

(4)根据图样要求在顶板支架上固定吊索。

(5)固定机头后,开动牵引绞车拉紧主钢绳,并吊在吊索上。

(6)安装托辊和胶带。挂设胶带时,先将胶带铺设在空载段的托辊上,围包过传动滚筒以后铺在重载段的托辊上,可以利用0.5～1.5 t的手摇绞车挂设胶带。最后,用机械或硫化连接方法将胶带连接起来。

(二)可伸缩胶带输送机的调试

输送机的调试即空转试车。调试时,应当注意胶带运行中有无跑偏现象,传动部分的温升情况,托辊运转的活动情况,清扫装置和倒料板与胶带表面的接触严密程度等,需要时进行必要的调整。各部件正常以后才可以进行带负荷运转试车。

输送机调试时的安全技术措施如下：

(1)胶带调试期间必须用远方控制按钮及标准信号。

(2)调整胶带跑偏时必须停机进行，严禁在胶带运行时调整各托辊及滚筒。

(3)调试前，机头、机尾必须打好压柱，机头、机尾之间中间部分必须设专门人观察，设专人沿机道巡回检查，发现跑偏要及时停机调整。

(4)机头、机尾跑偏时，严禁往滚筒与胶带之间撒(或塞)任何物料，只准调整滚筒前后的托辊及滚筒座上的顶丝。

(5)在胶带调试运行的整个过程中，由施工负责人统一指挥，所有工作人员必须离开机架0.5 m以上，观察调试运行情况，非工作人员不准进入机道。

(6)胶带调试好以后，必须空载运行8 h以上。

(三)胶带跑偏的调整

胶带跑偏是可伸缩胶带输送机最常见的故障，产生跑偏的原因是由于胶带在运行中横向受力不平衡造成的。影响胶带跑偏的因素很多，如装载货物偏于一侧、托辊或滚筒安装不正、胶带接口不平直等，都可能造成胶带的跑偏，使胶带一侧边缘与机架相互摩擦而过早磨坏，或是胶带脱离托辊掉下来，造成重大事故。因此，在胶带输送机的安装、运行和维护中，对胶带的跑偏问题应予以足够的重视，发现问题要及时进行调整。其调整方法如下：

(1)应在空载运行时进行调整，一般是从机头部和卸载滚筒开始，沿着胶带运行方向先调整回空段，后调整承载段。

(2)当调整上托辊和下托辊时，要注意胶带的运行方向。

若胶带往右跑偏，那就要在胶带开始跑偏的地方，顺着胶带运行的方向，向前移动托辊轴右端的安装位置，使托辊右边稍向前倾斜，如图3-25(a)所示。注意，切勿同时移动托辊轴的两端。在调整时适当多调几个托辊，每个少调一点，这样要比只调1~2个托辊来纠正跑偏的效果好一些。若胶带在换向滚筒处跑偏，与胶带跑偏方向同向的滚筒轴顺着胶带的运行方向调动一点，也可以把另一边的滚筒逆着胶带运行的方向调动一点，如图3-25(b)所示。每次调整后，应该运转一段时间，看其是否调好。确认调好后，还应重新调整好刮板清扫装置。

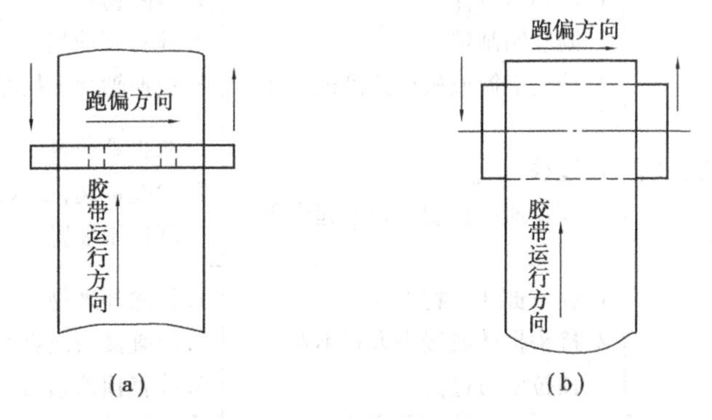

图3-25 胶带跑偏的调整
(a)托辊处的跑偏；(b)换向滚筒处的跑偏

(四)可伸缩胶带输送机常见的故障及处理

可伸缩胶带输送机常见故障及处理方法见表3-12。

表 3-12　可伸缩胶带输送机常见故障及处理方法

序号	故障现象	原　因	处理方法
1	电动机不能启动	1. 电气线路损坏 2. 单向运转	1. 检查线路,修理损坏部分 2. 检查并排除
2	电动机温度过高	1. 超负荷运转 2. 通风散热条件不好	1. 减小负荷 2. 清扫电动机周围杂物
3	减速器声音不正常	1. 伞齿轮调整不合适 2. 轴承或齿轮磨损严重 3. 轴承游隙过大 4. 减速器内有金属杂物	1. 重新调整好伞齿轮 2. 更换损坏或磨损的部件 3. 重新调整 4. 清除杂物
4	减速器温度过高	1. 润滑油污染严重 2. 油量少,未达到规定要求 3. 冷却不良,散热不好	1. 更换润滑油 2. 按规定注油 3. 清除减速器周围的杂物和散落的煤
5	减速器漏油	1. 密封圈损坏 2. 箱体结合面不严,各轴承端盖螺钉松动	1. 更换密封圈 2. 拧紧螺钉
6	胶带跑偏	1. 胶带接头不正 2. 托辊和滚筒安装位置不对 3. 托辊卡住 4. 托辊表面沾有煤泥 5. 输送机装载点位置不正	1. 重新接头 2. 调整位置,使托辊和滚筒的轴线与输送机中心线相互垂直 3. 处理被卡住的托辊 4. 将粘住的泥清理掉 5. 调整装载点位置
7	胶带打滑	1. 滚筒上有水 2. 胶带过松	1. 将滚筒上的水清理掉 2. 重新拉紧胶带
8	胶带突然停住	1. 被物料卡住 2. 制动闸闸住 3. 传动滚筒或机尾滚筒被卡住	1. 清除物料 2. 检查制动闸 3. 更换轴承或损坏的滚筒
9	胶带因超速造成多次停车	1. 过载 2. 胶带速度控制装置不起作用	1. 减少承载量 2. 检查带速,更换或重新调整胶带速度控制装置
10	胶带撕裂	1. 胶带被外来物卡住 2. 接头损坏或接头方式不对 3. 预拉紧力过大	1. 排除外来物 2. 检查接头或重新接头 3. 检查预拉紧力
11	胶带达不到它的正常运行速度,驱动胶带的电动机不能合闸	1. 胶带在传动滚筒上打滑(在传动部分可以听见尖叫声) 2. 带速控制装置与胶带不接触 3. 制动闸被闸住	1. 增大胶带预拉紧力,拉紧胶带 2. 重新调整带速装置 3. 检查或调整制动

思考与练习

1. 胶带输送机的传动原理是什么？
2. 提高胶带输送机牵引力的方法有哪些？
3. 可伸缩胶带输送机启动与停止的操作方法是怎样的？
4. 可伸缩胶带输送机储带装置有什么用途？收放胶带应如何操作？
5. 司机在操作可伸缩胶带输送机时应注意哪几个方面？
6. 可伸缩胶带运输机在运转中应注意哪些问题？
7. 胶带为什么会跑偏？跑偏后应该怎样调整？
8. 可伸缩胶带运输机常见的故障有哪些？产生的原因是什么？
9. 如何预防可伸缩胶带运输机伤人事故的发生？

学习情境 4
液力耦合器

任务导入

图 4-1　液力耦合器外形图

如图 4-1 所示为液力耦合器的外形图,它是利用液体来传递力矩的一种液力传动装置。通常液力耦合器一端与电动机联接,另一端与减速器联接,通过液力耦合器能够控制工作液体传递力矩大小,从而可以使电动机启动平稳,并可对电动机进行过载保护。目前,在煤矿井下使用的刮板运输机、桥式转载机和可伸缩胶带运输机的传动装置中,广泛使用液力耦合器。

该任务要求对耦合器进行安装、使用与维护,并能够排除液力耦合器运行中出现的故障。

学习目标

1. 液力耦合器的结构及工作原理。
2. 液力耦合器的使用和维护。
3. 液力耦合器的常见故障分析与处理方法。

任务1　液力耦合器的结构和工作原理

一、液力耦合器的结构

如图 4-2 所示为在 SGW-150 型刮板运输机上使用 YL-450 型液力耦合器。它主要由泵轮、涡轮、外壳、辅助室外壳、弹性联轴器和易熔合金保护塞等组成。泵轮和涡轮组成了液力耦合器的工作轮,均用高强度的铝合金铸造而成,其腔内分布着不同数量的平面径向叶片。泵轮通过外壳(两者用螺栓紧固在一起)及弹性联轴器与电动机轴相联接。当电动机转动时,外壳、泵轮及辅助室外壳一起转动。涡轮用铆钉固定在从动轴的轴套上,轴套与减速器的输入轴相连。泵轮和外壳通过轴承装在轴套上,因此,泵轮和涡轮之间没有任何刚性联系,可以相互转动。但当在泵轮和涡轮叶片组成的工作腔中注入一定量的工作液体后,再启动电动机,在液体动力的作用下,便能完成能量的传递。涡轮外壳边缘上装有两个易熔合金保护塞,当工作温度超过允许值时,易熔合金保护塞熔化,工作液体从工作腔内喷出,以保护机器的安全。在启动和低速运转时,后辅助室内可以储存一部分工作液体,以改善机器的启动和保护性能。

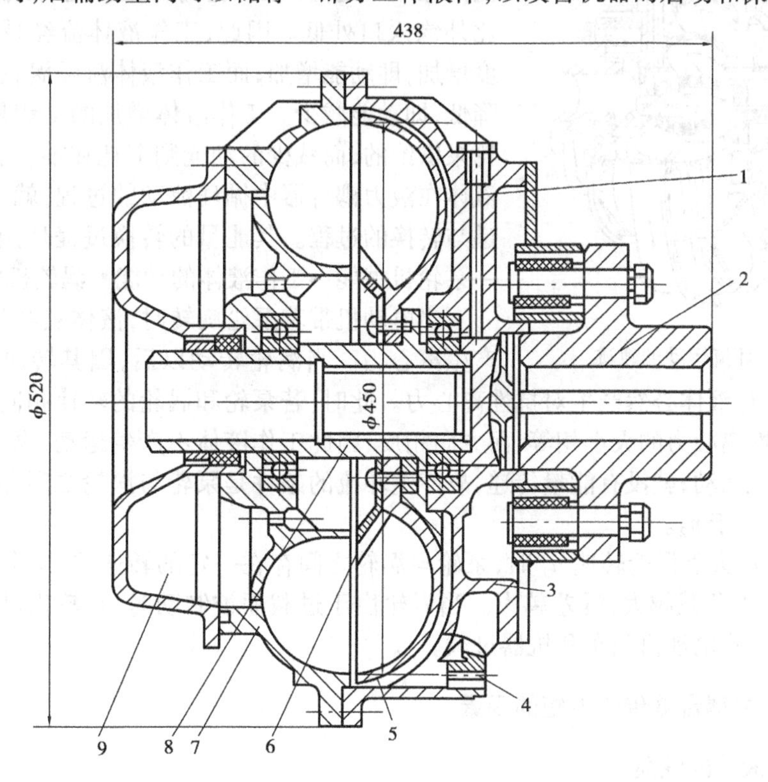

图 4-2 YL-450 型液力耦合器

1—注液管;2—弹性联轴器;3—外壳;4—易熔合金保护塞;

5—涡轮;6—阻流盘;7—泵轮;8—轴套;9—后辅助室

二、工作原理

液力耦合器的工作原理如图 4-3 所示。在液力耦合器内注入一定数量的工作液体,当泵轮 3 在电动机带动下转动时,其中的工作液体被泵轮叶片驱动,在离心力的作用下,工作液体沿泵轮工作腔的曲面流向涡轮 2 的工作腔内。此时,工作液体在泵轮出口处的速度、压力和动能都有了较大的增加,同时产生了切向应力。当泵轮内的工作液体流入涡轮工作腔内时,由于切向应力的作用而冲击涡轮叶片,使之带动涡轮转动。从涡轮流出的工作液体由于离心力的作用,又从涡轮的近轴处流回轮泵。因此,在正常工况下,工作液体

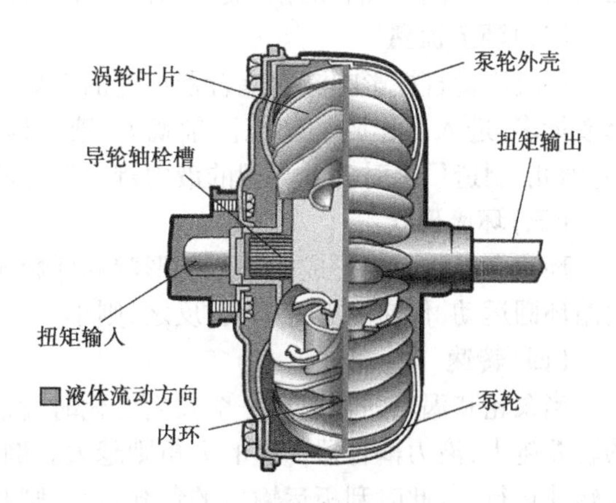

图 4-3 液力耦合器的工作原理

在液力耦合器内形成了轮泵→涡轮→泵轮的环流运动。环流运动的轨迹为一个封闭的环行螺旋线,如图4-4所示。

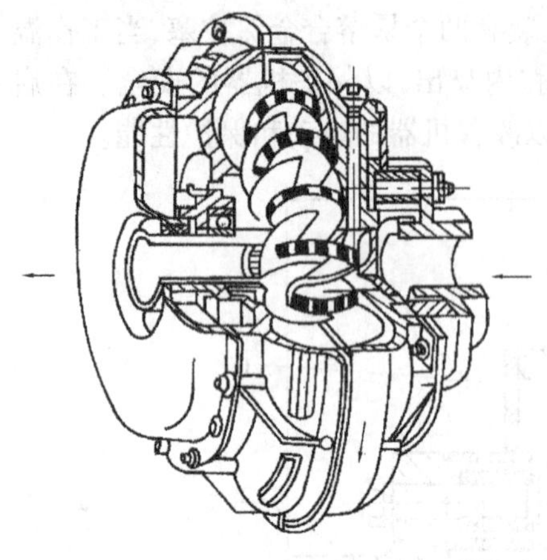

图4-4 环流运动的轨迹

环流运动使工作液体的速度发生变化,即工作液体的动能发生变化。在泵轮外缘出口处,工作液体的速度比内缘入口处高;在涡轮内缘出口处,工作液体的速度比外缘入口处低。因此,工作液体流经泵轮时,它的速度增加,即动能增加;而工作液体流经涡轮时,它的速度降低,即动能减少。工作液体增加的动能是电动机通过轮泵供给的,而减少的动能则消耗在推动涡轮上。工作液体在液力耦合器中循环流动的过程,就是进行能量传递与转换的过程。其能量的转换过程是:电动机的电能→泵轮机械能→工作液体的动能→涡轮机械能。

当电动机带着泵轮旋转时,液体被叶片带动旋转而产生离心力。当涡轮转动以后,因其转向与泵轮相同,因此,其中的工作液体必然产生对抗性离心力。此时,若泵轮和涡轮的转速相同,则工作液体所产生的对抗性离心力的大小相等,而方向相反,因此工作液体不产生运动,也就不存在环流运动。没有环流运动,就没有能量传递,故产生环流的条件是泵轮与涡轮之间存在着转速差,即泵轮转速 n_1 大于 n_2。

泵轮转速 n_1 大于涡轮转速 n_2 时,泵轮与涡轮之间存在一定的转速差,这个差值称为"滑差"。涡轮轴上的负载越大,滑差越大。当涡轮由于过载而被制动时,泵轮仍可高速运转,因而可以有效地防止电动机闷车和机器过载。

三、影响液力耦合器传递力矩的因素

(一)工作液体的性质

若工作液体的密度大,则传递的力矩就大;反之,传递的力矩则小。例如,以水作为液力耦合器的工作液体,其传递力矩比以22号汽轮机油作为工作液体时可以增加10% ~15%。因此,制造厂家对液力耦合器所使用工作液体的性质都有严格的规定。

(二)环流流量

环流流量直接影响液力耦合器传递的力矩,环流流量的大小与工作腔充液量的多少有关。充液量多,进入工作腔的环流流量就大,液力耦合器传递的力矩则大;充液量少,传递力矩则小,因此,制造厂家对各种类型的液力耦合器充液量都有严格的限制。

(三)环流形状

环流在工作腔内形成循环圆的形状同样影响液力耦合器的传递力矩。若环流沿工作腔做大循环圆运动,传递的力矩则大;反之,则小。

(四)转速

当泵轮和涡轮的转速有一个发生变化时,就会影响液力耦合器的传递力矩。泵轮与涡轮的转差越大,液力耦合器传递的力矩则越大。例如,在矿井中,当电网电压不变时,电动机以额定转速运行,若此时刮板运输机的负载过大,则刮板链速度降低,即涡轮转速降低,从而使"滑差"增大,这时可明显地感觉到电动机的温度在升高,这是因为液力耦合器的传递力矩增大了;又如,电网电压降较大时,泵轮转速降低,使液力耦合器传递力矩减小,容易出现刮板输送

机拉不动的现象,若长时间处于这种状态下工作,易使工作液体温度升高。这两种情况的发生都会导致易熔合金保护塞熔化喷液,可以保护电动机和机械设备的安全。

上述几个影响液力耦合器传递力矩的因素并不是彼此孤立的,实际环流运动的情况要复杂得多,而且液力耦合器的具体结构不同时,各因素产生的影响也不同。因此,在目前情况下只有通过实验做出液力耦合器的特性曲线,才能说明在各种不同工况下,该液力耦合器所能传递的力矩大小与性能是否理想。

四、液力耦合器的优点和缺点

(一)液力耦合器的优点

(1)提高驱动装置的启动能力,改善电动机的启动性能。一般来说,常用的鼠笼型电动机的启动力矩比较小,如果液力耦合器与电动机能够相互匹配,就可以利用接近电动机的颠覆力矩来启动负载,从而提高其启动能力;另外,电动机直接启动泵轮,在启动初期负荷很小,相当于空载启动,减少了对电网的冲击,从而改善了电动机的启动性能。

(2)具有过载保护作用。液力耦合器可以对电动机和工作机构实现过载保护,对于带有辅助室的液力耦合器,它能根据外载荷情况自动调节工作腔的液体容量,从而起到过载保护的作用;另外,当工作机构过载时间较长或被卡住时。涡轮与泵轮之间转速差增大,有较大的相对运动,将液体的动能转化为热能,从而使工作液体的温度升高,当工作液体的温度超过易熔合金保护塞的允许温度时,易熔合金保护塞熔化,工作液体喷出,液力耦合器不再传递力矩,从而保护电动机。

(3)能消除工作机构传过来的冲击与振动。由于泵轮之间无机械联系,因此,在工作过程中能够吸收振动、减小冲击,使工作机构和驱动装置平稳运行,并减轻工作机构的动负荷,降低冲击载荷,提高传动系统中各零件的使用寿命。

(4)在多电动机传动系统中,能够使各个电动机的负荷分配趋于均衡,充液量合适时可以达到完全均衡的目的。

(二)液力耦合器的缺点

(1)生产维护复杂。液力耦合器应按照规定检查注液量并进行日常维护。如果不按规定维护,将起不到应有的保护作用。

(2)降低传动装置效率。由于液力耦合器传动中存在4% ~5%的转差率,因此,使电动机的传动效率也降低4% ~5%。

五、典型液力耦合器

(一)YL-500 型液力耦合器

如图4-5 所示是为 SGW-200 型可弯曲刮板输送机配套设计的 YL-500 型液力耦合器。它的特点是在液力耦合器的涡轮内装有带孔的挡板 5,以减弱向前辅助室 a 内倾泻工作液体的速度,防止由于工作液体突然倾入前辅助室面使力矩跌落太大的缺点。这种液力耦合器为了实现后辅助室中液体可靠的延充作用,在后辅助室的进口处装有 6 组润滑式过流阀,它装在泵轮内缘处隔开前后辅助室的圆盘上。在液力耦合器启动时,因转速较低,过流阀的离心力小于弹簧的作用力,且处于近轴的方向位置,这时进口通道是开的。由于进口孔是 6 个直径为 10 mm 的孔,出口孔是 6 个直径为 6 mm 的孔,因此,进口通道流量大于出口流量。这时,后辅助室被迅速充满 ,而工作室油液则较少,液力耦合器的传动力矩小,电动机启动迅速。当电动机转速达到 800 r/min 时,过流阀的离心力开始克服弹簧的作用力而外移,并逐渐关闭后辅助室的进口;在电动机转速达到 1 350 r/min 时,则进口全部关死,这时,进口流量为零,而后辅助室的油液则经出口逐渐流入工作室中,使液力耦合器的传动力矩逐渐增大到正常的数值。

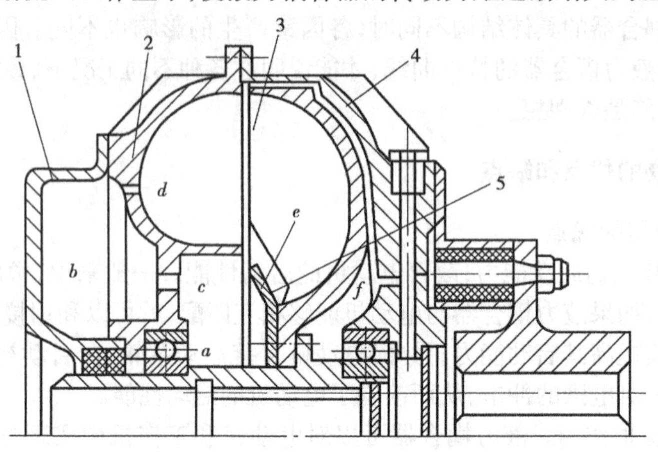

图 4-5　YL-500 型液力耦合器

1—后辅助室;2—泵轮;3—蜗轮;4—外壳;5—挡板;

a—前辅助室;*b*—后辅助室;*c*,*d*,*e*—过流孔;*f*—定量注液孔

(二)英国 STC 型钢壳液力耦合器

由英国道梯公司引进的输送机均使用 STC 型钢壳液力耦合器,其工作轮有效直径有 390 mm、475 mm 及 500 mm 3 种。如图 4-6 所示为 STC-390 型液力耦合器,它的特点是除泵轮、涡

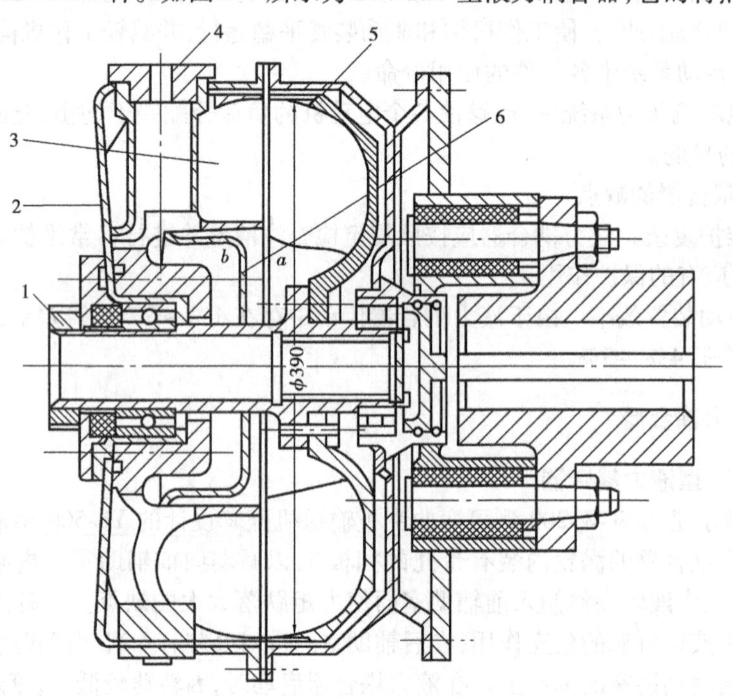

图 4-6　STC-390 型液力耦合器

1—轴端机械密封;2—外壳;3—泵轮;4—易容塞;5—蜗轮;6—隔板;

a—前辅助室;*b*—后辅助室

轮为铸铝件外,外壳全部由钢板制成,强度较高。在泵轮内装有一碗状隔板,将前、后辅助室隔开。后辅助室在泵轮内缘,容积小,结构比较紧凑。轴端采用耐高温耐压性能较好的机械式密封,密封效果较好。注液管从泵轮背面的切口深入泵轮内部。后辅助室中的工作液也是通过泵轮叶片间的切口进入工作室的。涡轮内缘与前辅助室是畅通的,因此,过载的工作液可迅速倾入前辅助室,启动特性较好,但力矩跌落较大。

任务2 液力耦合器的拆装及故障处理

一、液力耦合器的拆装

(一)拆装前的准备工作

(1)场地:机修车间。

(2)设备:液力耦合器。

(3)工具:套筒扳手1套,锤子、铜棒、起吊设备、拆装专用工具各1套。

(4)材料:洗油1 kg、抹布0.5 kg、易熔合金保护塞2枚、M16螺母5个。

(二)液力耦合器的安装

如图4-7所示,将液力耦合器的半联轴器、弹性盘和另一个半联轴器拆下后,用安装工具将其安装到减速器第一轴上。将半联轴器分别装到电动机输出轴上和液力耦合器上,最后对装时,将弹性盘装在两个半联轴器中间。

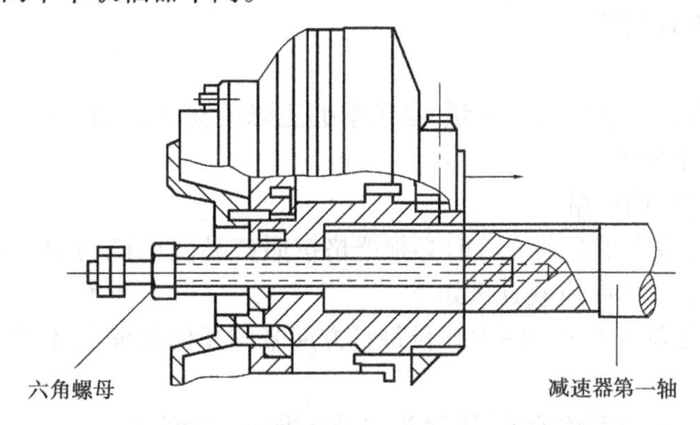

图4-7 液力耦合器的安装

(三)液力耦合器的拆卸

如图4-8所示,将电动机及半联轴器、弹性盘拆下后,用拆液力耦合器的工具将螺母杆拎入液力耦合器空心轴螺纹孔中,慢慢转动六角螺母,将液力耦合器顶出。

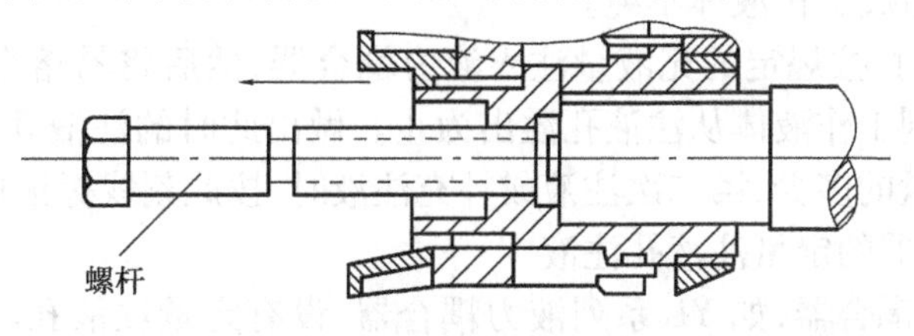

图4-8 液力耦合器的拆卸

(四)液力耦合器拆装时注意事项

(1)拆装液力耦合器时,应注意泵轮、外壳和辅助室的位置不要错动;更换螺栓、螺母时应使其规格一致,以防破坏其平衡性能。

(2)对于带有过流阀的液力耦合器,要特别注意过流阀在液力耦合器组装前是否用频闪测速仪调整了,要使各个过流阀在工作转速下能及时关闭和开启。

(3)组装后,泵轮和涡轮的相对转动要灵活。

二、液力耦合器的使用与维护

(一)正确选用工作液体

1. 液力耦合器对工作液体的要求

(1)黏度要适当。

(2)不易产生泡沫和沉淀。

(3)不易腐蚀零件,特别是密封件。

(4)应有良好的润滑性能。

(5)应有高的闪点和较低的凝点。煤矿井下使用的液力耦合器严禁使用可燃性传动介质。

2. 对充液量的要求

(1)必须选用生产厂家规定牌号的工作液体,按规定的充液量注液。

(2)两台(或多台)电动机传动时,可通过机器运转来测定各电动机的电流,增大电动机电流较小的液力耦合器的充液量,或减小电动机较大的电流耦合器的充液量,通过试验方法使各电动机的负荷电流大致相等。

(二)充液方法

欲保证液力耦合器有合适的充液量,必须掌握正确的充液方法。根据液力耦合器的结构特点,充液方法有以下两种:

1. 利用计量容器准确计量

无定量注液孔的液力耦合器充液时必须严格按照产品使用说明中规定的注液量,用计量容器(量杯)准确计量。具体注液方法如下:

(1)充液时,油液必须经过 80 ~ 100 目每平方厘米的滤网过滤后才能注入液力耦合器,以免带入杂质。

(2)注液时,首先要拧下注液塞,用漏斗和量杯准确计量注液。

(3)如果注液塞与易熔合金保护塞在同一方位,可将易熔合金保护塞拧下作为排气孔,使注液顺利。

(4)注液前可先启动电动机,将液力耦合器内残存的液体全部甩出,然后才能注液;否则,液量将会增多,可能造成工作液体不纯。

(5)第一次注液时,按规定的充液量注入液力耦合器,然后将易熔合金保护塞拧上,慢慢转动液力耦合器,直到工作液体从注液孔溢出为止。做出此时的注液孔距离地基高度的标记刻线,以此检查充液量的多少,第二次注液或补充注液时,按此刻线标记进行注液。

2. 利用液力耦合器的定量注液孔注液

有些型号的液力耦合器,如 YL 系列液力耦合器,设有定量注液孔。只要将注液塞拧开,使其垂直即可注液,直到工作液体从注液孔溢出为止,此时即达到规定的注液量。但这种带有定量注液孔的液力耦合器只能使用一种注液量。

(三)易熔合金保护塞的使用

1. 易熔合金保护塞的作用

易熔合金保护塞是由易熔合金、空心螺钉和塞座等零件组成。易熔合金熔化后,只需更换装有易熔合金的空心螺钉即可。

易熔合金保护塞是液力耦合器必不可少的保护装置。它安装在液力耦合器外壳的外缘。当设备过载时,泵轮与涡轮的滑差率增大会产生热量,当工作液体温度升高超过规定值时,易熔合金保护塞熔化,工作液体喷出,从而使电动机空转,保护电动机及传动系统的安全。

2. 使用注意事项

(1)液力耦合器使用的易熔合金保护塞应符合标准要求,熔点不符合规定的不准代用。

(2)严禁易熔合金保护塞备件不足时,用螺钉或木塞等将易熔合金保护塞孔堵死,这将使液力耦合器失去保护作用而发生事故。

(3)禁止将易熔合金保护塞安装在注液孔的位置。

(四)液力耦合器的维护

(1)应定期(每隔10天)检查工作液体的数量和质量,发现变质立即更换,并及时补充工作液体。

(2)各联接螺栓应紧固,各密封处不能有渗透现象。

(3)应使液力耦合器有良好的通风散热条件,以保证其散热效果。

(4)多台电动机传动中,应使各液力耦合器的充液量一致,以保证各台电动机负荷分配均匀。

(5)液力耦合器运转应平稳,不能有明显的机械振动。

(6)应尽量避免液力耦合器超负载正、反向频繁启动,以防工作液体温度升高时橡胶密封圈过早老化及易熔合金保护塞熔化喷液。

(7)采用水介质液力耦合器时还应安装易爆塞,实现过压保护。

(8)定期检查弹性块磨损情况,必要时予以更换。

(9)严禁在较低电压下长期运行液力耦合器,否则会造成电动机过热烧毁。

三、液力耦合器常见故障的原因及处理方法(见表4-1)

表4-1　液力耦合器常见故障原因及处理方法

序号	故障现象	原　因	处理方法
1	漏液	1. 橡胶密封圈老化或损坏 2. 注液塞或易熔合金保护塞松动	1. 更换密封圈 2. 拧紧
2	喷液	1. 液力耦合器正、反向交替频繁启动,造成工作液体温度急剧升高 2. 刮扳输送机有卡链现象或严重超载 3. 易熔合金保护塞熔点过低	1. 尽量避免正、反向频繁启动液力耦合器 2. 处理卡链,防止过载 3. 重新配置合格的易熔合金保护塞

续表

序号	故障现象	原　因	处理方法
3	液力耦合器打滑	1. 充液量不足 2. 严重超载	1. 按规定重新注液 2. 减轻负载
4	电动机(泵轮)转动,而涡轮不转,输送机链轮不动	1. 液力耦合器内没有工作液体 2. 充液量过少,负荷过大 3. 易熔合金保护塞或易爆塞喷液	1. 按规定的充液量注液 2. 调整负荷,按规定充液 3. 更换易熔合金保护塞或易爆塞,再重新充液
5	电动机过热或烧毁	1. 充液量过多 2. 没使用易熔合金保护塞	1. 按规定的充液量注液 2. 安装易熔合金保护塞 3. 不能用其他部件代替
6	电动机工作正常,但液力耦合器过热	通风散热不良	清理通风网眼,清理堆在外罩上的煤粉
7	液力耦合器剧烈振动	1. 液力耦合器与电动机或减速器之间不对中 2. 轴承或其他内部零件损坏 3. 弹性块损坏	1. 拆下液力耦合器,调整电动机和减速器成一直线 2. 更换损坏的轴承或其他零件 3. 更换弹性块

思考与练习

1. 液力耦合器一般由哪几部分组成？各部分有什么作用？
2. 试说明液力耦合器的工作原理。
3. 液力耦合器的能量是如何转换的？
4. 液力耦合器传递力矩的大小受哪些因素影响？它为什么能起到过载保护作用？
5. 使用与维护液力耦合器时应注意哪些事项？
6. 使用易熔合金保护塞时应注意什么？
7. 如何向液力耦合器注入工作液体？
8. 液力耦合器常见的故障现象有哪些？产生故障的原因是什么？如何排除？

学习情境 5
轨道运输

任务导入

采煤工作面生产出的原煤，经刮板输送机、桥式转载机、胶带输送机运输到从工作面运送到采区煤仓，再装入矿车中由电机车牵引运输到井底车场。用电机车牵引矿车或其他承载容器在轨道上进行运输的运输方式称为轨道运输，广泛用于矿井井下和地面。轨道运输的牵引设备，平巷中以电机车为主，斜巷中以绞车为主。矿用电机车的作用、组成、工作过程和主要部件的结构是本任务的学习重点。电机车的外形如图 5-1 所示。

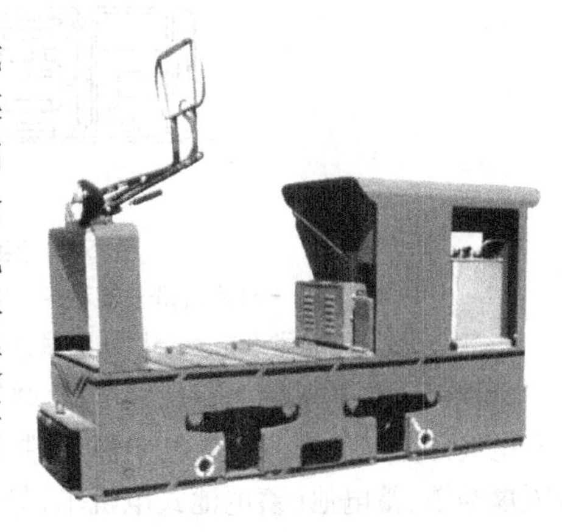

图 5-1　电机车外形图

学习目标

1. 矿用电机车的作用及组成。
2. 矿用电机车的工作过程。
3. 矿用电机车主要部件结构。

任务 1　矿用电机车

一、矿用电机车的作用及种类

矿用电机车主要用于井下运输大巷和地面的长距离运输。它相当于铁路运输中的电气机车头，牵引着由矿车或人车组成的列车在轨道上行走，完成对煤炭、矸石、材料、设备、人员的运送。

矿用电机车根据供电方式不同分为架线式和蓄电池式两种。架线式电机车由于其受电弓与架空线之间会产生火花，一般多用于煤矿地面运输。蓄电池式电机车根据其防爆性能不同，分为一般型、安全型和防爆特殊型3种。防爆特殊型适用于有瓦斯、煤尘爆炸危险的矿井运输。

二、矿用电机车的组成

如图5-2所示，矿用电机车由机械部分和电气部分组成。

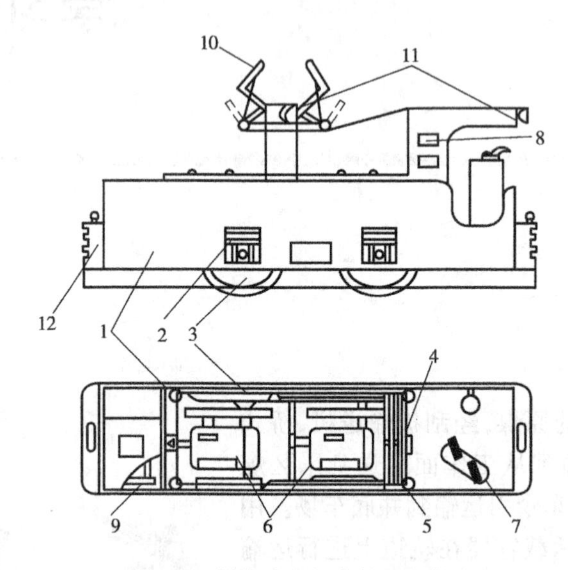

图5-2　架线式电机车的基本构成

1—车架；2—轴承箱；3—轮对；4—制动手轮；5—砂箱；6—牵引电动机；7—控制器；8—自动开关；9—启动电阻；10—受电弓；11—车灯；12—缓冲器及联接器

机械部分包括车架、轮对、轴承箱、弹簧托架、制动装置、撒砂装置及联接缓冲装置等。

电气部分包括直流串激电动机、控制器、电阻箱、受电弓、空气自动开关（架线式电机车）或隔爆插销、蓄电池（蓄电池式电机车）等。

三、矿用电机车的工作过程

（一）架线式电机车的工作过程

如图5-3所示，高压交流电经牵引变流所降压、整流后，正极接到架空线上，负极接到铁轨上。机车上的受电弓与架空线接触，将电流引入车内，再经空气自动开关、控制器、电阻箱进入牵引电动机，驱动电动机运转。电动机通过传动装置带动车轮转动，从而牵引列车行驶。从电动机流出的电流经轨道流回变流所。

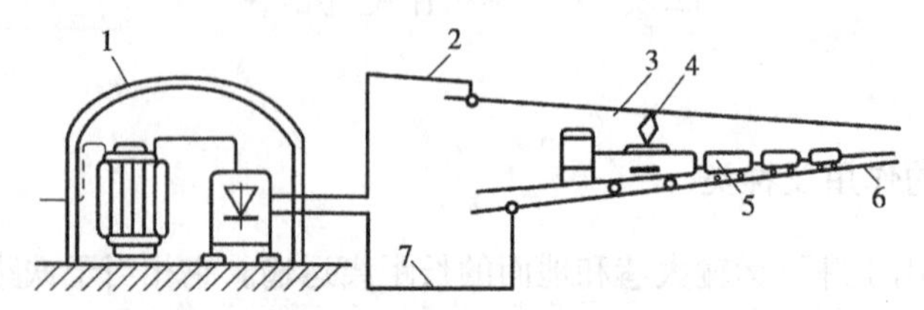

图5-3　架线式电机车的供电系统

1—牵引变流所；2—馈电线；3—架空线；4—受电弓；5—矿车；6—轨道；7—回电线

(二)蓄电池式电机车的工作过程

蓄电池提供的直流电经隔爆插销、控制器、电阻箱进入电动机,驱动电动机运转。电动机通过传动装置带动车轮转动,从而牵引列车行驶。

四、矿用电机车主要部件的结构

(一)机械部分主要部件的结构

1. 轮对

轮对结构如图5-4所示。两个车轮压装在车轮轴1上,车轮由轮芯2和轮箍3热压装而成。这种结构的好处是轮芯和轮箍可以用不同的材料制造,且车轮磨损后只需更换轮箍。车轮轴1的两端轴颈处支撑在轴承箱内的轴承上。车轮轴1的中部装有轴瓦,用来支撑电机车的传动装置。

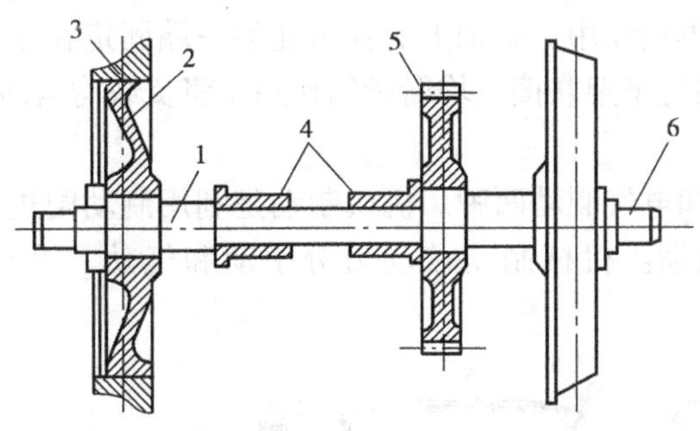

图5-4　矿用电机车的轮对

1—车轴;2—轮芯;3—轮箍;4—轴瓦;5—齿轮;6—轴颈

2. 轴承和轴承箱

图5-5是矿用电机车的轴箱。轴箱安装在车轴两端的轴颈上,箱内装有一对滚柱轴承4,与车轴两端的轴颈配合。箱壳两侧的滑槽9与车架配合,机车在不平的轨道上运行时,轴箱和车架之间可以相互滑动。轴箱上端的座孔8中安装弹簧托架。

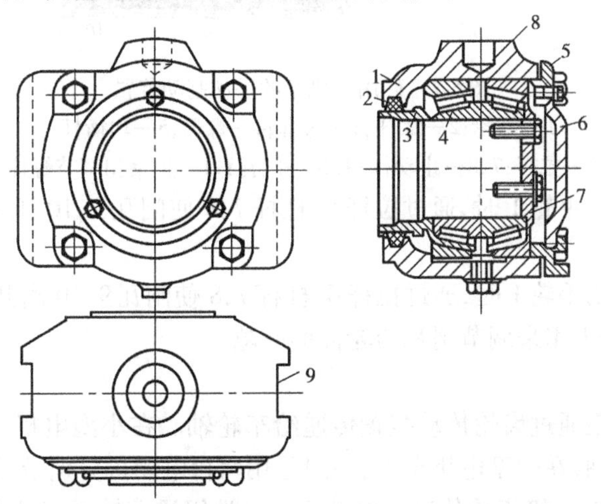

图5-5　轴箱

1—轴箱体;2—毡垫;3—止推环;4—滚柱轴承;

5—止推盖;6—轴箱端盖;7—轴承压盖;8—座孔;9—滑槽

3. 弹簧托架

弹簧托架的作用是缓和机车运行中的冲击振动。其结构如图5-6所示。

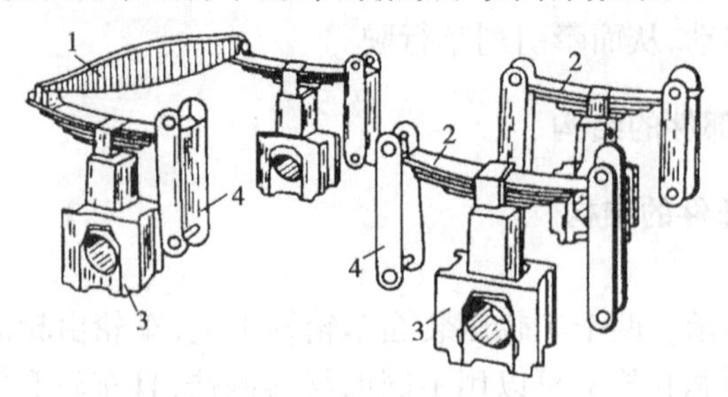

图5-6 弹簧托架

1—均衡梁;2—弹簧板;3—轴箱;4—弹簧支架

前轴上的弹簧托架是单独作用。后轴上的弹簧托架一端固定在车架上,另一端用均衡梁联接,均衡梁的中点用销轴与车架联接。均衡梁的作用是将负载均衡地分到两后轮上。

4. 制动装置

制动装置有机械制动和电气制动两种。机械制动是利用制动闸进行制动,电气制动是利用牵引电动机进行能耗制动。机械制动按动力分手动和气动。手动的制动装置如图5-7所示。

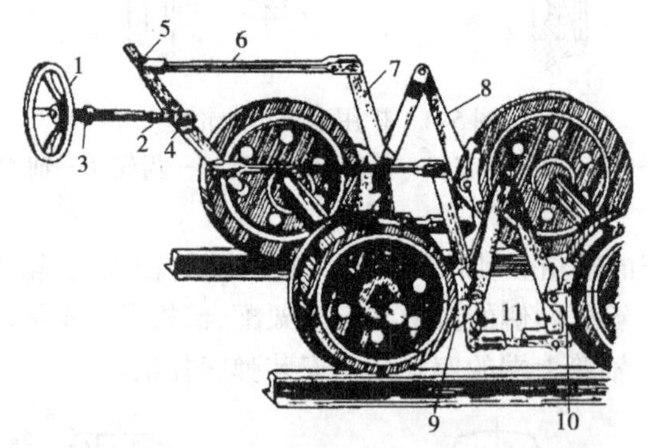

图5-7 矿用电机车的手动制动装置

1—手轮;2—螺杆;3—衬套;4—螺母;5—均衡杆;

6—拉杆;7,8—止动杆;9,10—闸瓦;11—正反扣调节螺栓

当顺时针旋转制动手轮1时,通过拉杆6、杠杆7,8使闸瓦9,10压紧车轮踏面,对车轮进行制动。

当逆时针旋转制动手轮1时,通过拉杆6、杠杆7,8使闸瓦9,10离开车轮踏面,进行松闸。

正反扣调节螺杆11用来调节闸瓦与轮面的间隙。

5. 传动装置

牵引电动机的转矩通过齿轮传动装置传递给车轮轴。在小型电机车上,一般是用一台电动机同时带动两个轮轴,在中型电机车上,一般是用两台电动机分别带动两个轮轴。

如图5-8(a)所示为一级齿轮传动。电动机的一端用滑动轴承安装在车轴上,另一端用电动机外壳上的挂耳通过弹簧吊挂在车架上。如图5-8(b)所示为二级齿轮传动。

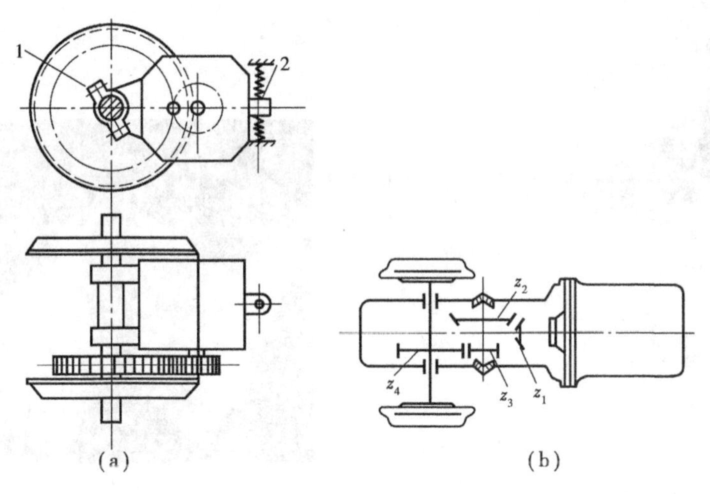

图5-8　齿轮传动装置

(a)单级开式齿轮传动;(b)闭式齿轮减速箱

1—滑动轴承;2—挂耳

(二)电气部分主要部件结构

1. 牵引电动机

目前,矿用电机车都采用直流串激电动机牵引。由于工作条件的要求,架线式电机车的电动机为全封闭型,蓄电池式电机车的电动机为隔爆型。由于功率不大,冷却方式都为自冷式。

牵引电动机的功率有小时制和长时制之分。小时制功率是指在允许温升条件下,电动机连续运转1 h能输出的最大功率。小时功率是电动机的额定功率。长时功率是指在允许温升条件下,电动机长时间连续运转能输出的最大功率。电机车选型时,应按长时制功率计算选择。

与功率相对应,电动机的电流、电机车的牵引力、速度也有小时制和长时制之分。

2. 控制器

控制器是控制电机车启动、停止、调速、换向的操作装置。它由主控制器和换向器两部分组成,其外形如图5-9所示。主控制器控制电机车的启动、停止、调速,换向器控制电机车的行进方向。

主控制器和换向器均为凸轮控制器结构原理,两者之间有机械闭锁装置,只有当主控制器手把回到速度为零位置,才能扳动换向器手把;只有当换向器手把扳到前进(或后退)位置,主控制器手把才能从速度为零位置转到某一速度位置。

3. 蓄电池组

蓄电池组是蓄电池式电机车的电源,由多个蓄电池组成。单个蓄电池的外形如图5-10所示。

蓄电池的主要技术特性是额定电压和额定容量。额定容量是指蓄电池充足了电后,以恒定电流连续放电至端电压降到极限电压时为止,其放电电流与放电时间的乘积。

矿用蓄电池式电机车使用的蓄电池有一般型和防爆特殊型两种。一般型没有防爆功能,防爆特殊型有防爆功能。其防爆功能不是依靠采用防爆外壳,而是在蓄电池和蓄电池箱内采取特殊措施,使蓄电池在正常和故障情况下不产生电弧和电火花,消除火源,并防止氢气在箱

图 5-9　控制器外形

图 5-10　蓄电池外形

体内积聚，使蓄电池箱体内不产生爆炸，达到防爆目的。

4. 受电弓

受电弓是架线式电机车从架空电网受取电能的电气设备，安装在机车顶上。受电弓可分为单臂弓和双臂弓两种，均由集电头（滑板）、上框架、下臂杆、底架、升弓弹簧、传动汽缸、支持绝缘子等部件组成。其外形如图 5-11 所示。近年来，多采用单臂弓。

图 5-11　受电弓外形图

受电弓的动作原理如图 5-12 所示。升弓时，压缩空气经受电弓缓冲阀 8 均匀进入传动汽缸 9，汽缸活塞 10 压缩汽缸内的降弓弹簧 11，活塞杆伸出，通过滑环 13、连杆 14 作用在扇形板 7 下端，此时升弓弹簧 16 的拉力作用在扇形板 7 上端，两力共同作用形成力偶使下臂杆转动，抬起上框架和集电头，受电弓均匀上升，并同架空电网接触。降弓时，传动汽缸 9 内压缩空气经受电弓缓冲阀 8 迅速排向大气，在降弓弹簧 11 作用下，汽缸活塞 10 的活塞杆缩回，通过滑环 13、连杆 14 作用在扇形板 7 下端，克服升弓弹簧 16 的作用力，使受电弓迅速下降，脱离架空电网。

5. 电路总开关

架线式电机车使用空气自动开关控制电路的通断。蓄电池式电机车使用隔爆插销控制电路的通断。

6. 电阻箱

电阻箱用于电阻调速的电机车。它串联在电动机的电枢回路中，在电机车启动、调速过程中起降压分流作用。电阻箱里的电阻元件有线型和带型两种，均绕制成螺旋管状。

五、矿用电机车的操作

从前面的学习可知，电机车在矿井中担负着重要的运输作用，因此，如何正确的操作使用电机车，保证其安全稳定地发挥作用；以及当电机车出现故障时，如何快速、准确地判断、处理

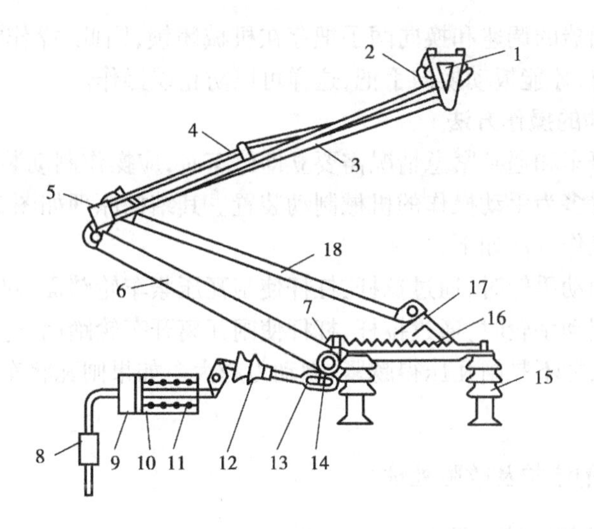

图5-12　单臂受电弓结构图

1—滑板；2—支架；3—平衡杆；4—上框架；5—铰链座；6—下臂杆；7—扇形板；8—缓冲阀；9—传动汽缸；10—活塞；11—降弓弹簧；12—连杆绝缘子；13—滑环；14—连杆；15—支持绝缘子；16—升弓弹簧；17—底架；18—推杆

故障，减少对生产的影响，是本任务的主要内容。

电机车的操作方法包括启动、停止、调速、换向、制动等。

(一)电机车启动的操作方法

(1)启动前应检查各联接部位的螺栓是否松动，各电气元件绝缘是否良好，各操作手把是否灵活。

(2)经检查无异常情况后，发出开车信号，提醒附近人员注意。

(3)按所需行进方向，操作控制器上的换向手把，确定机车前进方向。

(4)操作控制器上的调速手把，逐级给出速度，完成启动过程。

(二)电机车调速的操作方法

电机车在行进过程中，随时要根据道路坡度情况和生产运输情况进行调速。

调速时，操作控制器上的调速手把向加速或减速的方向转动，直到所需的速度。速度挡位如图5-13所示。

在调速过程中，应注意观察前方的路面状况及行人情况，防止意外事故发生。

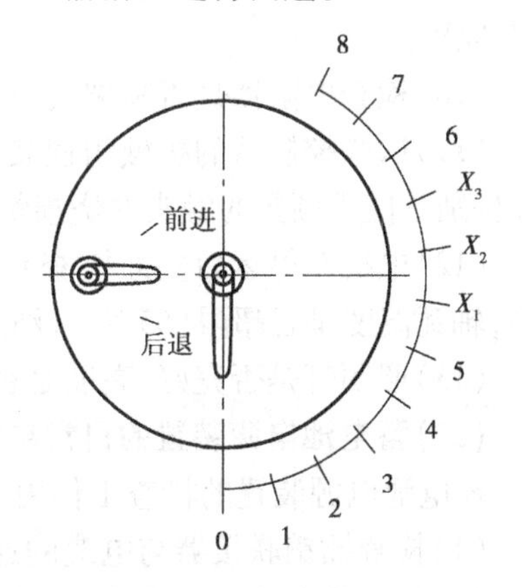

图5-13　控制器手把挡位图

(三)电机车停止的操作方法

(1)将调速手把往速度零位转动，使速度逐渐降低，直到速度为零。

(2)操作制动手把进行制动，停车。

(四)电机车换向的操作方法

(1)把调速手把扳回速度零位，电机车减速停车。

(2)把换向手把扳到前进(或后退)方向。

(3)把调速手把从速度零位扳到所需速度挡位。

由于电机车控制器的调速和换向两手把存在机械闭锁,因此,操作换向手把前,必须把调速手把扳回速度零位,才能扳动换向手把,这样可以防止误操作。

(五)电机车制动的操作方法

当电机车正常停车和遇到紧急情况需要立即停车时,应操作制动装置进行制动。目前,电机车使用的制动装置多为手动操作的机械制动装置。其结构原理如图 5-7 所示。

电机车制动的操作方法如下:

当顺时针旋转制动手轮时,通过拉杆、杠杆使闸瓦压紧车轮踏面,对车轮进行制动。

当逆时针旋转制动手轮时,通过拉杆、杠杆使闸瓦离开车轮踏面,进行松闸。

应注意:制动时,并不是闸瓦压得越紧,制动力越大。如果闸瓦将车轮闸死不转了,制动效果反而更差。

六、矿用电机车的维护及故障处理

(一)电机车的日常维护及保养

(1)检查制动系统的杠杆、销轴是否良好,动作是否灵活,并进行注油。

(2)检查闸瓦磨损情况,更换磨损超限的闸瓦;检查闸瓦与车轮踏面的间隙,超过规定的要及时调整;清除调节闸瓦螺杆和闸瓦上的泥垢。

(3)检查车轮有无裂纹,轮箍是否松动,车轮踏面磨损程度。

(4)检查传动齿轮及齿轮罩有无松动和磨损。

(5)检查车架弹簧有无裂纹及失效,清除弹簧上的泥垢,在铰接点及均衡梁之间进行注油。

(6)检查车体及各部螺栓销轴、开口销是否齐全,螺栓是否紧固,销轴和开口销联接是否良好。特别是吊挂牵引电动机的装置要仔细检查。

(7)检查联接装置,是否有损伤、磨损超限。

(8)检查撒砂系统各部件是否齐全、连接良好,砂管有无堵塞,是否对准轨道中心,与车轮、轨道的距离是否符合要求。

(9)检查受电弓弹簧压力是否足够,滑板是否断裂和磨损超限,各框架、螺栓及销子是否齐全完整。

(10)检查电阻器是否断裂,各接线端子是否松动,清扫尘垢。

(11)试验控制器的机械闭锁装置是否可靠,各接线端子有无松动现象;检查控制器各触头,特别是使用频繁的触头的烧损情况。

(12)电机车停运后立即检查牵引电动机、轴瓦及油箱的情况,电动机温度是否超温(75 ℃),轴瓦温度是否超限(65 ℃),清除油箱积尘,定期注油、换油。

(13)照明灯是否完好,亮度是否足够,熔断器应符合规定。

(二)蓄电池电源装置的日常维护

蓄电池电源装置的检查工作由充电工负责在充电室内进行,其主要内容如下:

(1)检查插销联接器与电缆的连接是否牢固,防爆性能是否良好。

(2)检查蓄电池组的连接线及极柱焊接处有无断裂、开焊。

(3)检查橡胶绝缘套有无损坏;极柱及带电部分有无裸露。

(4)检查蓄电池组、蓄电池有无短路及反极现象。

(5)检查箱体腐蚀损坏情况,箱盖是否变形、开闭是否灵活,盖内绝缘衬垫或喷涂绝缘层是否完好,箱盖与箱体间机械闭锁是否良好。

(6)检查蓄电池槽和盖有无损坏漏酸;特殊工作栓有无丢失或损坏;耐酸橡胶垫是否良好;帽座有无脱落;蓄电池封口剂是否开裂漏酸。

(7)每周检查一次漏电电流,其值不得超过规定:电源装置额定电压60 V及以下,不大于100 mA;电源装置额定电压100 V及以下,不大于60 mA;电源装置额定电压150 V及以下,不大于45 mA。

(8)经常用清水冲洗蓄电池组,并保持清洁。

上述(1)—(8)项中,只要有1项不合格,即为失去防爆性能,必须停止使用,进行处理。

(三)电机车的故障判断

电机车的常见故障判断及处理见表5-1。

表5-1　电机车的常见故障判断及处理

序　号	故障现象	产生原因
1	手把卡死或闭锁、控制器失灵	1. 控制器转轴轴承缺油或损坏 2. 固定闭锁装置的上、下卡子用的销子螺杆松扣,或其上的开口销子丢失,使上下卡子失控 3. 卡子滚轮均严重磨损 4. 定位弹簧丢失或失效
2	撒砂装置不撒砂	1. 砂箱内无砂、砂管堵塞或砂子潮湿 2. 撒砂操纵杆严重变形或系统失灵 3. 压气制动控制阀或系统失灵
3	控制器闭合后自动开关立即跳闸或插销连接器内熔断器立即熔断	1. 控制器的凸轮触头接地或短路 2. 控制器换向器部分触头接地或短路 3. 启动电阻接地或短路 4. 牵引电动机内部线路接地或短路 5. 电机车电路中有短路现象
4	控制器闭合后机车不运行	1. 受电弓线路发生断路,可能是由于弹力不足使滑板没有与架空线接触或电源线断线、接线端子松脱 2. 自动开关的触头烧损脱落,电源导线折断,接线端子脱落或磁力线圈断路 3. 控制器的主触头和辅助触头脱落或者接触不良,导线折断 4. 启动电阻断路 5. 牵引电动机的主磁极或换向磁极线圈断路,连接导线或接线端子断路,或电刷与换向器接触不良 6. 由于错误操作,未松闸就开车

续表

序　号	故障现象	产生原因
5	控制器闭合后启动速度过慢或过快	1. 过慢：控制器线路中某些触头连接导线短路，造成单机运转或者启动电阻应该断开而没有断开 2. 过快：启动电阻短路；牵引电动机激磁绕组短路
6	照明灯不亮和发暗	1. 照明灯不亮：熔断丝烧断；灯开关触头接触不良或烧损；灯头接触不良或灯丝烧断；电源线或接地线断路；照明电阻接地或断路 2. 照明灯发暗：牵引电网电压压降过大或蓄电池电源装置电压降低；受电器与架空线接触不良 3. 并联的照明电阻中有断路存在
7	牵引电动机过热	1. 牵引负荷过大，电动机长期过负荷 2. 短时间内频繁启动或长时间在启动状态下运行 3. 电枢个别线圈间或匝间短路。激磁绕组接地或短路 4. 整流子表面发生强烈火花和碳刷压力过大使整流子过热 5. 轴承缺油或油量过多
8	蓄电池电源装置的电压急剧下降	1. 电源装置由于内部或外部因素造成正、负极直接短路 2. 蓄电池组中，有若干只蓄电池“反极” 3. 电源线与蓄电池极柱或插销连接器接触不良
9	脉冲调速电机车“失控” 1. 启动失控：表现为电机车启动时猛地向前冲，甚至使自动开关跳闸或者快速熔断器熔断 2. 加速调速过程中失控：表现为电机车突然由低速变为全速 3. 由全速向低速调速时失控：表现为电机车不能减速	造成“失控”的原因是多方面的，主要原因是元件损坏或换流电容器未能充电或充电不足，因电压低而关不断晶闸管（可控硅）造成失控

七、矿用电机车选型计算

（一）原始资料和计算内容

1. 原始材料

（1）矿井及电机车运输巷道的瓦斯情况，支护情况和通风情况。

（2）矿井年产量。

（3）矿井工作制度。

(4)达到设计年产量时,各运输巷道的长度、班产量以及线路平均坡度或线路起终点标高。

(5)各运输水平末期的上项各值。

(6)出煤班的矸石产量。

(7)矿车技术特征。

(8)供电机车用的交流电源电压等级。

(9)运输线路平面图与纵断面图。

2. 电机车运输计算的主要内容

(1)机车类型及其黏着重力的选择。

(2)列车组成计算。

(3)确定全矿电机车台数。

此外,对于架线式电机车,还有牵引网路和牵引变流所的计算等。对蓄电池式电机车,还有变流设备及充电室的有关计算。

(二)机车类型及黏着重力的选择

合理地选择电机车类型是一个重要的技术经济问题。要解决好这个问题,需要考虑一系列因素。其中,最主要的是运输生产率。在一般条件下,可根据已知的年产量和瓦斯等级、运输距离等,参照表5-2选择电机车的类型及黏着重力。

表5-2　电机车黏重选择表

矿井年产量 A_n,K_t	机车黏重/kN		配用矿车/t
	架线式	蓄电池式	
≤600	≤70	≤80	1及以下
600～900	70～100	80	1～3
900～1 800	100～140	80	3～5
A_n>1 800	140～200	80～120	5

(三)列车组成的计算

列车组成计算,就是确定一台机车所能牵引的车组重力,并以此定出车组的矿车数目。电机车牵引的车组重力,通常是按照列车启动时黏着条件、制动条件和牵引电动温升条件来计算确定。具体计算方法有两种:第1种是按列车启动时的黏着条件计算出车组重力和矿车数,再用另外两个条件来验算;第2种是按这3个条件分别计算出每一个允许的车组最大重力,然后取其中最小者来确定矿车数。对于蓄电池式电机车除了上述3个条件外,还应按蓄电池的容量计算车组重力。

下面以第1种方法来介绍列车组成的计算。

1. 按电机车的黏着条件计算车组重力

应考虑在电机车牵引重车组沿上坡启动加速时所需要的牵引力,不超过黏着条件所允许的极限值来计算车阻重力,即

$$F = (p + Q_{zh})(\omega'_{zh} + i_p + 110a) \leqslant 1\,000\psi p_n$$

$$Q_{zh} \leqslant \frac{1\,000\psi p_n}{\omega'_{zh} + i_p + 110a} - p$$

式中 Q_{zh}——重车组重力,kN;

p—— 机车重力,kN;

p_n——电机车黏着重力,对全部轮对都是主动轮的电机车,$p_n = p$,kN;

ψ——黏着系数,一般指加沙启动,ψ 取 0.24;

ω'_{zh}——重车组启动时阻力系数,见表 5-3;

i_p——轨道线路平均坡度(一般为 3‰)的千分值;

a——列车启动加速度,一般取 $a = 0.04\ m/s^2$。

表 5-3 列车运行基本阻力系数 ω(比阻)/($N \cdot kN^{-1}$)

矿车名义载货量/t	单个矿车运行时		列车运行时		列车启动时	
	重车	空车	重车	空车	重车	空车
1	7.5	9.5	9.0	11.0	13.5	16.5
1.5	7.0	9.0	8.5	10.5	13.0	16.0
2	6.5	8.5	8.0	10.0	12.0	15.0
3	5.5	7.5	7.0	9.0	10.5	13.5
5	—	—	6.0	8.0	9.0	12.0

算出列车牵引的重车组重力后,用下式求出矿车数

$$n = \frac{1\,000Q_{zh}}{(m_{z1} + m_1)g}$$

式中 m_{z1}——每辆矿车的自身质量,kg;

m_1——每辆矿车的载货量,kg。

上式计算结果应圆整取其整数。

2. 根据牵引电动机的发热条件验算

要求牵引电动机的等值电流不超过其长时电流值,即

$$I_{dx} \leqslant I_{ch}$$

式中 I_{dx}——等值电流(均方根电流),A;

I_{ch}—— 电动机长时电流,A。

电动机每个运输循环的等值电流按下述方法计算:

(1)计算重列车和空列车分别达到全速稳态运行时电机车的牵引力

$$F_{zh} = \left[p + \frac{ng(m_{z1} + m_1)}{1\,000}\right](\omega_{zh} - i_p)$$

$$F_k = \left(p + \frac{ngm_{z1}}{1\,000}\right)(\omega_k + i_p)$$

式中 F_{zh}——重列车稳态运行时的机车牵引力,N;

F_k——空列车稳态运行时的机车牵引力,N;

ω_{zh}——重列车运行阻力系数,见表 5-2;

ω_k——空列车运行阻力系数,见表5-2。

(2)分别计算分配到每台牵引电动机上的牵引力 F'_{zh} 和 F'_k

$$F'_{zh} = \frac{F_{zh}}{n_d}$$

$$F'_k = \frac{F_k}{n_d}$$

式中　n_d——机车上牵引电动机台数。

(3)查牵引电动机特性曲线

如图5-14所示,查牵引电动机特性曲线图,得到重列车和空列车运行时,与 F'_{zh},F'_k 相对应的电动机电流值 I_{zh},I_k 以及速 v_{zh},v_k。

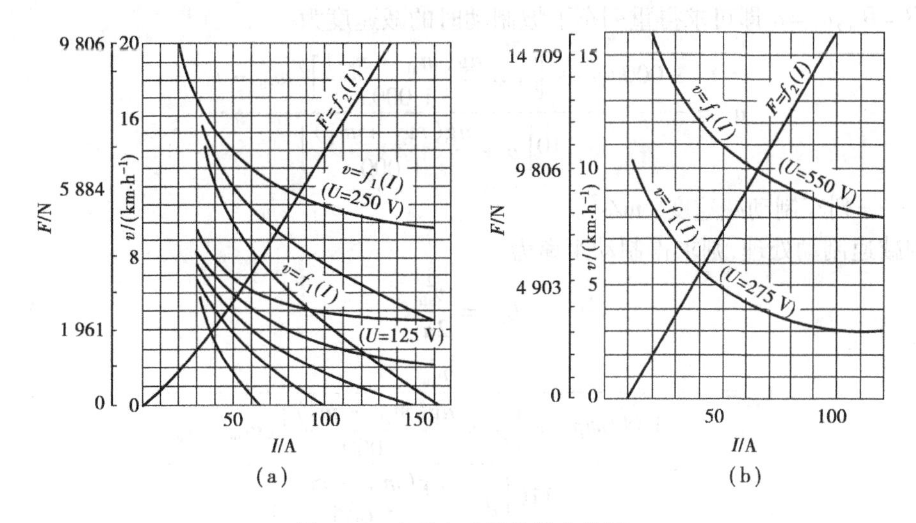

图5-14　牵引电动机特性曲线图

(4)计算一个运输循环牵引电动机的等值电流

$$I_d = \alpha\sqrt{\frac{I_{zh}^2 t_{zh} + I_k^2 t_k}{T + \theta}}$$

式中　α——调车系数,运距小于1 000 m时,取1.4;运距为1 000～2 000 m时,取1.25;运距大于2 000 m时,取1.15;

T—— 列车在最远线路上往返一次的纯运行时间,min;其中

$$T = t_{zh} + t_k$$

t_{zh},t_k——重、空列车运行时间,min;

$$t_{zh} = \frac{1\ 000L_m}{60v_{zp}}$$

$$t_k = \frac{1\ 000L_m}{60v_{kp}}$$

v_{zp}——重列车平均运行速度,取 v_{zp} = 0.75v_{zh},m/s;主要是考虑列车过弯道或过道岔时速度的降低;

v_{kp}——空列车平均运行速度,取 v_{kp} = 0.75v_k,m/s;

L_m——电机车到最远一个装车站的距离,km;

θ——两个运输循环中的休止时间,min;它包括列车装卸载时间及循环休止时间,一般取 $\theta = 18 \sim 22$ min。

计算结果若 $I_{dz} \leqslant I_{ch}$,则满足要求;若 $I_{dz} > I_{ch}$,则说明牵引电动机温升条件不允许,应减少车组中的矿车数,重新验算,直至满足温升条件为止。

3. 根据制动条件验算

为了安全起见,在进行制动条件验算时,一般按重列车在平均速度上,下坡制动的最不利条件来验算,使其制动距离不超过《煤矿安全规程》所规定的数值。因此,电机车的制动力及其限制条件为

$$B = \left[p + \frac{ng(m_{z1} + m_1)}{1\,000}\right](110a + i_p - \omega_{zh}) \leqslant 1\,000\psi p_n$$

令 $B = B_m, a_t = a$ 即可求得重列车下坡制动时的减速度为

$$a_t = \frac{1\,000\psi p_n + \left[p + \frac{ng(m_{z1} + m_1)}{1\,000}\right](\omega_{zh} - i_p)}{110\left[p + \frac{ng(m_{z1} + m_1)}{1\,000}\right]}$$

式中 a_t——列车制动减速度, m/s^2。

按匀减速制动处理,则求得制动距离为

$$L_{zd} = \frac{v_{zh}^2}{2a_t}$$

$$L_{zd} = \frac{v_{zh}^2}{2 \times \frac{1\,000\psi p_n + \left[p + \frac{ng(m_{z1} + m_1)}{1\,000}\right](\omega_{zh} - i_p)}{110\left[p + \frac{ng(m_{z1} + m_1)}{1\,000}\right]}}$$

$$= \frac{55v_{zh}^2\left[p + \frac{ng(m_{z1} + m_1)}{1\,000}\right]}{1\,000\psi P_n + \left[p + \frac{ng(m_{z1} + m_1)}{1\,000}\right](\omega_{zh} - i_p)}$$

$$= \frac{55v_{zh}^2}{\frac{1\,000\psi P_n}{p + \frac{ng(m_{z1} + m_1)}{1\,000}} + \omega_{zh} - i_p}$$

式中 L_{zd}——机车制动距离,m;

v_{zh}——电机车开始制动时重列车的运行速度,m/s。

计算出的 L_{zd},运送物料时不得超过 40 m,运送人员时不得超过 20 m。制动距离的验算,一般只按运输物料验算,而不必进行运送人员验算。因为《煤矿安全规程》规定运送人员时速度不得超过 3 m/s,且运人时负荷小,减速度大,因此,容易在规定距离内制动停车。

有必要指出,在多数情况下,按制动条件验算所允许的车组矿车数,都小于按其他两个条件确定的矿车数。这样若保证上述 3 个条件均能满足,结果势必使电机车牵引的矿车之少而不合理。此种情况下,应该在设法改善列车制动条件的基础上,按其他两个条件确定车组矿车数。而在重列车下坡时,将两台电动机改为串联运行,使制动时的速度降低一半;或者每隔一

段时间,周期地切断电源,以降低运行速度,改善制动条件。但这些措施均欠完善,如能采用脉冲调速电动机或单相交流移相式电机车,这个问题会得到较理想的解决。

(四)全矿电机车台数的确定

全矿电机车台数的确定,按下述步骤进行计算:

(1)确定每台电机车在一个班内完成的循环次数f

$$f = \frac{60T_b}{T' + \theta}$$

式中　f——每台电机车每班完成的循环次数,次/台·班,利用去尾法圆整为整数;

T_b——每班运输工作时间,需运人时取$T_b = 7.5$ h/班,不需运人时取$T_b = 7$ h/班;

T'——电机车在加权平均运距上往返一次所需纯运行时间,min;

$$T' = t'_{zh} + t'_k = \frac{1\ 000L_p}{60v_{zp}} + \frac{1\ 000L_p}{60v_{kp}}$$

式中,符号除L_p外,均与式(4-24)相同。在此处若有数个装车站时,应代入加权平均运距离L_p来计算,而不应代入最大运距,即

$$L_p = \frac{L_A m_A + L_B m_B + \cdots + L_n m_n}{m_A + m_B + \cdots + m_n}$$

式中　$L_A, L_B, \cdots, L_n$——不同装车站的运距,km;

$m_A, m_B, \cdots, m_n$——每个装车站的班运载量,t。

(2)确定每班所需运送的货载次数f_b

$$f_b = \frac{k_1 k_2 m_b}{n m_1}$$

式中　f_b——每班所需运送货载的次数,次/班;

k_1——运输不均匀系数,一般取$k_1 = 1.25$,综采时$k_1 = 1.35$;

k_2——矸石系数,用以考虑矸石外运量,$k_2 = 1 + \frac{每班外运矸石量}{m_b}$;

m_b——每班运煤量,kg/班;

n——列车组成计算确定的矿车数。

f_b的值用收尾法进为整数。

(3)确定每班运人次数f_r

根据《煤矿安全规程》:"长度超过1.5 km的主要行人平巷,上下班时必须采用机械运送人员"的规定,若运距大于1.5 km且矿井为两翼开采时,一般取每班每翼运人一次,即

$$f_r = 2\ 次/班$$

(4)确定每班所需的总运行次数f_z

$$f_z = f_b + f_r$$

(5)确定所需工作的电机车台数N_0

$$N_0 = \frac{f_z}{f}$$

式中,计算出的N_0值,应按尾法圆整为整数。

(6)确定全矿电机车总数N

$$N = N_0 + N_b$$

式中 N——全矿电机车台数；

N_b——备用电机车台数；$N_0 \leqslant 3$ 时，$N_b = 1$；$N_0 = 4 \sim 6$ 时，$N_b = 2$；$N_0 = 7 \sim 12$ 时，$N_b = 3$；$N_0 > 13$ 时，$N_b = 4$。

任务2 齿轨车、卡轨车、齿轨卡轨车

无论是齿轨车、卡轨车还是齿轨卡轨车系统，其主要组成均包括主机、车辆和轨道。

主机有柴油机车、蓄电池机车、有极绳绞车或无极绳绞车；车辆包括普通车辆、专用车辆和制动车；轨道有普通轨道、专用轨道和齿轨。

一、齿轨车

（一）使用与发展

我国煤矿大量使用的普通轨道机车，其最大缺点就是不能适应起伏不平且带坡度的巷道。一般规定，靠钢轮黏着力牵引的列车，其运行坡度为3‰左右，局部坡度不超过3%，这主要是考虑列车的最大黏着力和最大制动力。因此，一般矿井中的机车运输只限于大巷而不能进入上下山及顺槽。为了解决这一问题，出现了齿轨车。

齿轨车运输系统是在两根普通轨道中间加装一根平行的齿条作为齿轨，机车上除了车轮作黏着牵引外，另增加1～2套驱动齿轮（及制动装置）与齿轨啮合以增大牵引力和制动力。这样，机车在平道上仍用普通轨道，靠黏着力牵引列车运行；在坡道上则在轨道中间加装齿轨，机车及列车以较低的速度用齿轮齿轨加黏着力牵引（实际上是以前者为主），或只用齿轮齿轨牵引。英国规定这种齿轨车可适应于9.5°的坡度，能使列车不摘钩而直接进入上下山及顺槽。

齿轨车有柴油机车和蓄电池机车两种。

（二）优缺点及适用范围

齿轨车系统的最大优点是可以在近水平煤层以盘区开拓方式的矿井中，实现大巷—上下山—采区顺槽轨道机车牵引煤、矸石、材料、设备和人员列车的直达运输。机车上装有工作制动、紧急制动和停车制动3套装置，并可在被牵引的列车上装制动闸，由机车上提供风压同时操作，可以保证在10°以内的上下坡道上可靠运行。牵引特征、适应性和经济性较好的是柴油机驱动的齿轨车。一台66 kW柴油机齿轨车可在8°坡道上牵引140 kN列车，并以4 km/h的速度运行，在平巷则可用黏着牵引以15 km/h的高速运行，可满足一般矿井运输设备、材料和人员的要求。

行驶齿轨车的轨道需要加固。钢轨选型不小于22 kg/m，轨距为600～914 mm，在坡道上铺设齿轨的地方要采用型钢轨枕，进入齿轨区要装设特殊的弹簧矮齿轨。齿轨轨道可以过道岔。

齿轨车通过的弯道曲率半径，水平方向应不小于10 m，垂直方向应不小于23 m，这对于采区顺槽使用是有困难的。

齿轨车重量较大，造价高，约比一般机车高1～2倍。齿轨造价也高，比普通轨高2倍。齿

轨要求安装稳固,需经常维修清理,否则,在齿轮进出齿轨时不能正常啮合,会造成出轨事故。

二、卡轨车

(一)使用与发展

卡轨车运输系统是在普通窄轨车辆运输基础上,改用专用轨道并增加卡轨轮防止脱轨掉道,以提高其运输安全可靠性的新型运输系统。它特别适用于重物和人员列车,在上下坡道及弯道上运行。卡轨车可以是柴油机机车、蓄电池机车、无极车或有极绳绞车牵引。

卡轨车是在无极绳绞车的轨道系统上发展起来的,卡轨车的轨道是车辆运行的抓卡和制动器夹持的依托,必须结构坚固,装设稳定,多用14#或18#槽钢。两根槽钢轨道之间以小槽钢或工字钢作为轨枕焊接,固定成3 m一节的梯子道及各种短节弯道,每节端部焊上公母铰接对扣件,以保证节间连接可靠和有一定的容差偏角,并便于拆装。

目前,国内外使用的卡轨车仍以绳牵引占多数。

(二)优缺点和适用范围

加固的重型双轨固定在底板上,能以较高的速度(达4 m/s)安全可靠地运送单重较大的设备。绳牵引卡轨车适用倾角较大,一般认为做无极绳传动时,可达25°;以滚筒绞车方式牵引卡轨车时,可达45°。绳牵引卡轨车可通过曲率半径4 m的弯道。

柴油机卡轨车具有机动灵活的特点,可进入多条分支巷道;绳牵引卡轨车则反之,运输距离不能太大,一般不超过1 500 m。柴油机卡轨车自重较大,爬坡能力有限,一般不超过8°~10°;卡轨车系统投资较高,一般比单轨吊车系统高50%~80%。

三、齿轨卡轨车

在齿轨车基础上,其轨道改用专用轨并装备卡轨轮即形成齿轨卡轨车系统。它是齿轨车和卡轨车的结合。其目的在于,既增大了机车的牵引力和爬坡角度,又增加了列车运行的安全性和可靠性。专用轨道可以采用槽钢轨、异型轨,也可采用圆管轨。

四、轨道

1. 普通轨

从经济和技术性能考虑,采用22 kg/m的普通轨最为合理。

2. 异型轨

例如,CK-66型齿轨卡轨车使用的异型轨道。该轨道采用11#矿用工字钢改制而成,可用于专用卡轨车辆运行,也能使普通车辆顺利行驶。

3. 槽钢轨

槽钢轨为专用卡轨车轨道,它采用18#槽钢按3 m一节焊成梯子整体结构,其中轨枕采用小槽钢。KCY-6/900型绳牵引卡轨车用的是内卡式槽钢轨;F-1型绳牵引卡轨车用的是外卡式槽钢轨。

4. 齿轨

齿轨布置在行走轨道的中间。安装齿轨的轨枕要用槽钢,以增加齿轨的着地强度。齿轨进车端较低而且有弹簧缓冲装置,以使齿轨车顺利平稳地进入齿轨。

任务3 钢丝绳运输

一、钢丝绳运输

钢丝绳运输是以绞车作为动力装置，通过钢丝绳牵引矿车或其他运输容器在轨道上运行进行运输作业的一种运输方式。它分为有极绳运输和无极绳运输两类。

有极绳运输是反映钢丝绳的一端与矿车相连，通过绞车放出或收回钢丝绳使矿车组在斜坡上运行的运输方式。有极绳运输可分为单绳和双绳运输。

单绳运输是用一台单滚筒绞车，通过钢丝绳牵引矿车组，沿倾斜向上或向下运行如图5-15(a)所示。

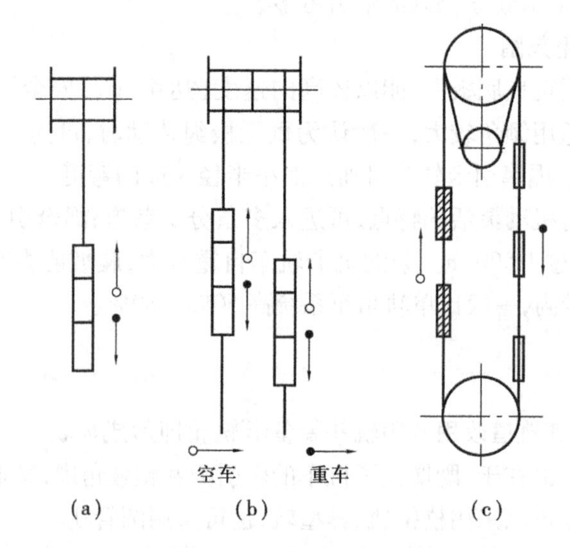

图5-15 钢丝绳运输示意图

双绳运输是用一台双滚筒绞车，每个滚筒各牵引一组矿车，钢丝绳在两个滚筒上的缠绕方向相反，绞车旋转时，一组矿车被牵引向上运行，另一组向下运行如图5-15(b)所示。有极绳运输只能用于一定坡度的斜巷，因此，主要用于小型矿井的主、副斜井提升和一般矿井采区上、下山的辅助。

无极绳运输是用摩擦轮绞车带动一条无极封闭的钢丝绳连续运转，矿车通过连接装置与钢丝绳挂接起来，靠运行的钢丝绳带动矿车沿轨道运行，进行运输如图5-15(c)所示。无极绳运输适用于矿井井下水平巷道或倾角不大的上、下山运输，也可用于地面运输。

二、运输绞车

运输绞车是钢丝绳运输的动力装置，可分为缠绕式和摩擦式两种。

缠绕式绞车是将钢丝绳的一端固定在绞车的滚筒上，另一端与被牵引的矿车连接，滚筒转动时，钢丝绳向滚筒上缠绕，牵引矿车组运行。按滚筒数目可分为单滚筒绞车和双滚筒绞车。目前，摩擦轮绞车多用在辅助运输中。中、小型矿井用摩擦轮绞车组成的无极绳运输，是一种简单而经济的运输方式。

三、调度绞车

调度绞车是一种小型绞车，由于其外形尺寸小，移动方便，使用时不需要打基础，故应用比较广泛。作为有极绳运输设备，调度绞车主要用于矿井地面、井下车场调度车辆，也可在其他一些地方作辅助运输。

调度绞车主要由电动机、传动系统、滚筒及制动闸等组成。如图5-16所示，传动系统采用两级内齿轮和一级行星齿轮传动。传动原理为：电动机的转动通过两对内啮合齿轮2，3和5，6传递给行星轮系的中央轮8，齿轮8带动通过滚柱轴承装在轴12上的两个行星轮9，行星轮和内齿圈10啮合，行星轮轴12与滚筒相联接，内齿圈10的外部装有闸并闸住不转，中央8带动行星轮9一方面绕轴12自转，同时还绕中央轮公转，通过12带动滚筒转动。切记在电动机启动和工作过程中，不能将两个闸同时闸死，否则将损坏电动机或传动齿轮。

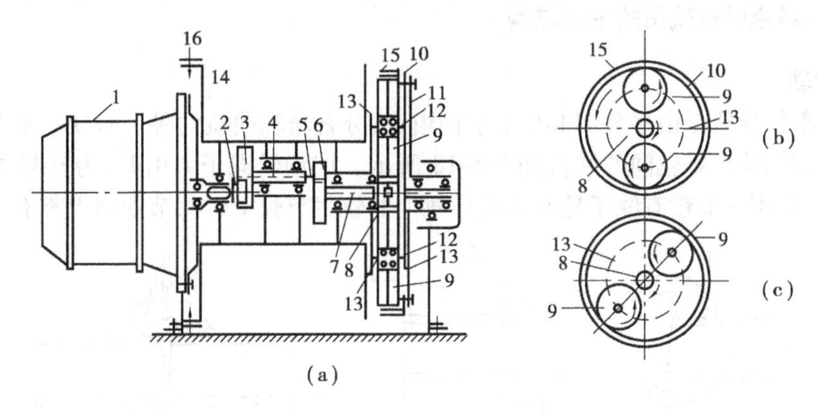

图5-16　调度绞车传动系统

1—电动机；2,5—齿轮；3,6—内齿轮；4,7—轴；8—中央轮；9—行星轮；10—内齿轮；11—盖板；12—行星齿轮轴；13—夹板；14—滚筒制动轮缘；15—开车闸；16—制动闸

任务4　单轨吊运输

一、概述

单轨吊运输是将动送人员、物料的车辆悬吊在巷道顶部物制工字钢单轨上的运输系统。它主要用于回采和掘进工作面的材料、设备和人员的运输。其特点是能适用于大坡度的巷道，不受巷道底板变形的影响，能有效地利用巷道断面空间，减少运输环节，减轻体力劳动。根据牵引方式的不同，单轨吊分为钢丝绳牵引单轨吊和机车牵引单轨吊。机车单轨吊的机车分柴油机单轨吊机车和蓄电池单轨吊机车。本节介绍钢丝绳牵引单轨吊。

如图5-17所示为钢丝绳牵引单轨吊运输系统示意图。工字钢单轨用圆环链悬吊在巷道顶梁上。吊挂在单轨上的支撑车用来吊挂货物。支撑车之间用连杆联接。由牵引车、支撑、制动车、控制车、张紧装置牵引绞车等组成一个完整和钢丝绳牵引单轨吊运输系统。牵引车通过牵引臂上的锁紧装置和牵引钢丝绳连接，开动绞车牵引钢丝绳实现钢丝绳牵引单轨吊运输。在发生紧急情况或断绳跑车事故时，通过制动车进行抱轨制动保护，制动车的动作是通过控制车的控制系统实现的。

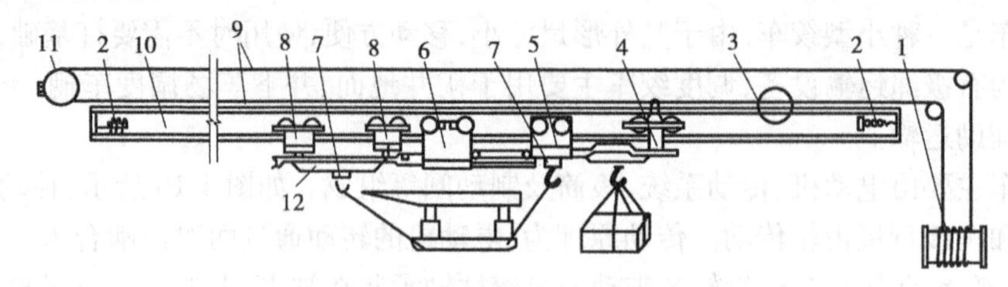

图 5-17　钢丝绳牵引单轨吊运输系统

1—绞车;2—缓冲器;3—导绳滑轮组;4—牵引车;5—制动车;6—控制车;7—倒链起重机；8—支撑车；9—牵引钢丝绳；10—导轨;11—尾轮;12—连杆

二、钢丝绳牵引单轨吊的主要结构

（一）导轨

单轨吊车的导轨是由多节 I140E 工字钢组成，分直轨和曲轨两种。直轨每节长 3 m，两端有连接机构和吊钩。导轨间的联接如图 5-18 所示。用钢丝绳子牵引时，为安装导绳子轮，每隔 15 ~ 20 m 采用一节带有绳子轮座的直导轨。曲轨每节长 1 m 每节曲轨上都有绳子轮座。

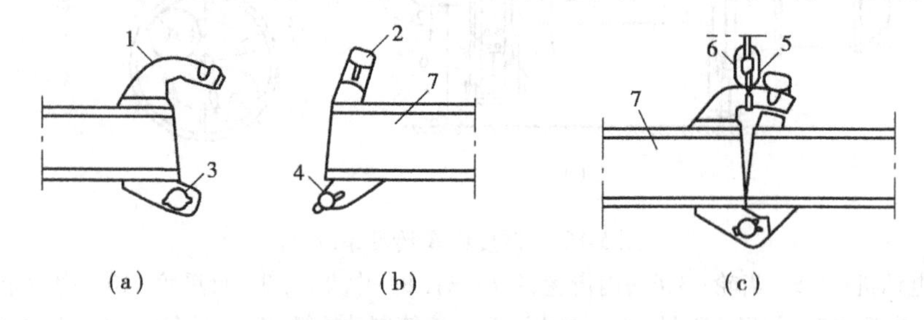

图 5-18　导轨的联接

1—上连接柄;2—上连接钩;3—下连接柄;4—下连接销;5—吊钩;6—吊链;7—导轨

（二）牵引车和支撑车

牵引车和支撑车如图 5-19 所示。支撑车主要由车架和 4 个支撑滚轮、4 个导向轮组成。支撑滚轮布置在工字钢导轨腹板两侧的导槽中，支撑、吊挂车和货载，并沿导轨运行。导向轮布置在导轨腹板两侧，行车时沿导轨腹板滚动，避免吊挂车偏斜掉道。

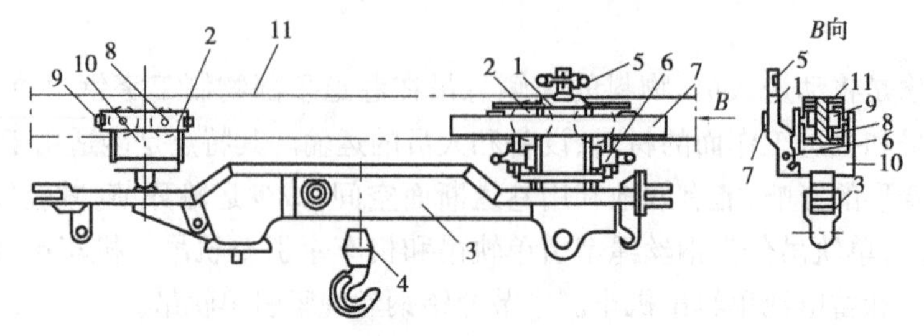

图 5-19　牵引车和支撑车

1—牵引臂;2—支撑车;3—连杆;4—起重器;5—连接环;6—销钉
7—过轮压板;8—支撑滚轮;9—导向立轮;10—车架;11—导轨

在支撑车上用锁钉固定一个牵引臂，即组成牵引车。牵引臂上有过轮压板和钢丝绳联接的快速锁紧装置。

(三)制动车和控制车

制动车由车体、制动油缸等组成。如图5-20所示，滚轮端部装有硬合金闸块，车组运行时，制动缸内充有压力油，使闸块离开导轨腹板而处于楹闸状态。需要制动时，使制动油缸内压力释放，在弹簧力作用下，闸块压紧导轨腹板实现停车制动。

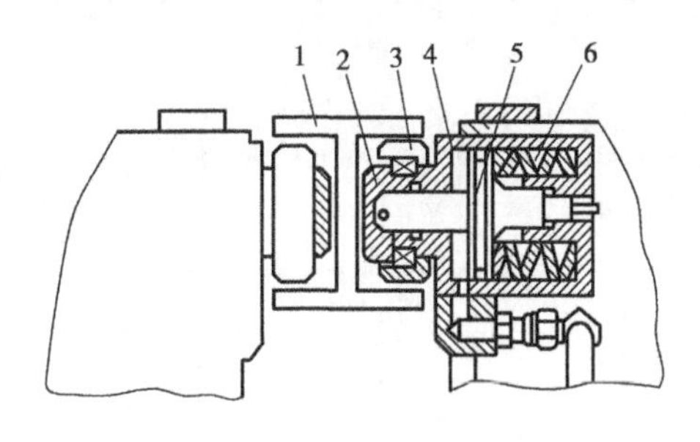

图5-20　制动油缸结构

1—导轨;2—闸块;3—支撑滚轮;4—制动油缸;5—活塞;6—弹簧

制动车的抱闸和松闸是通过控制车上的控制系统来实现的。驱动轮紧靠导轨腹板随吊挂车组的运行而转动吊挂车组正常运行时，驱动轮较低，离心式离合器处于收缩状态，凸轮不转动。当牵引钢丝绳发生断绳跑车事故时，因车速增大，驱动轮转速也迅速增大，驱动轮速度超过3 m/s时，离合器张开，带动凸轮旋转推动板爪移动使释放阀动作接通油箱，实现抱闸停车。当发生意外情况时，操作人员可拉操纵绳释放阀泄压，也可以实现紧急抱闸停车。

(四)牵引设备

钢丝绳牵引单轨吊，使用液压马达驱动的摩擦轮绞车作牵引设备。

如图5-21所示为摩擦轮绞车的传动系统图。牵引钢丝绳通过导向轮换向，在传动绳轮上缠绕540°。绳轮轮面衬有垫，开动马达，经外齿轮和内齿圈传递动力，使绳轮转动带动钢丝绳牵引吊挂车组运行。

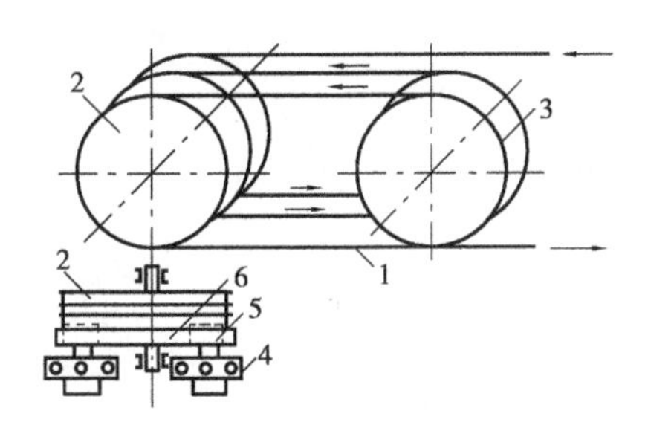

图5-21　摩擦轮绞车工作原理

1—钢丝绳; 2—绳轮;3—导向轮;4—液压马达;5—外齿轮;6—内齿圈

(五)导绳轮

直轨上的导绳滑轮是轮用于地支撑并使钢丝绳导向。对导绳轮的要求是，钢丝绳不跳槽，车上的牵引臂绳卡又能自由通过。

1. 安全规程对电机车类型的选用有哪些规定？
2. 架线式电机车的优缺点是什么？
3. 蓄电池式电机车的优缺点是什么？
4. 什么是电机车的黏着重量？
5. 安全规程对电机车的制动距离有什么规定？
6. 什么是齿轨车？
7. 调度绞车的作用是什么？

模块 2
矿山提升设备

学习情境 6 矿山提升设备

任务导入

矿井提升运输是采煤生产过程中的重要环节,井下各工作面采掘出来的煤和矸石,由刮板输送机、桥式转载机、胶带输送机及电机车等运输设备运送到井底车场,然后再由提升设备提到地面。同时,生产所需的人员、材料、设备也要通过提升设备来运输。“运输是矿井的动脉,提升是矿井的咽喉”形象地描述了矿井提升运输的重要性。

如图 6-1 所示为一立井提升运输系统的示意图。采煤工作面 *A* 采出的煤和掘进工作面 *B* 采出的矸石,经运输巷道中的运输设备运到采区下部车场 6(或运输大巷 4),再经石门 5 和大巷 4 的运输设备运到井底车场 3,最后经提升设备提到地面。而材料、设备则按相反的路线从地面运到井下指定地点。

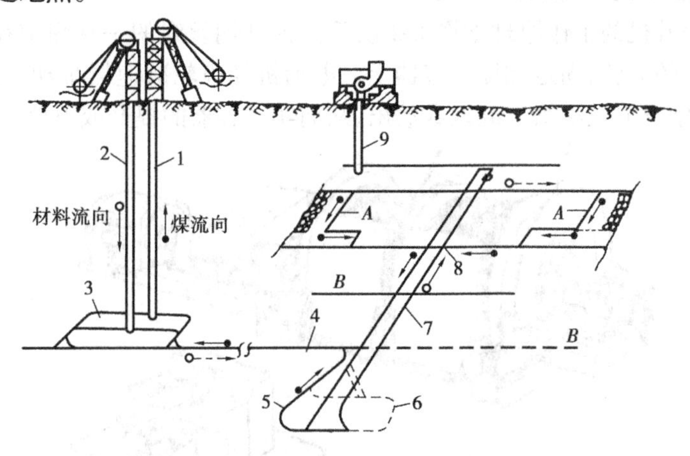

图 6-1 矿井提升运输系统示意图

1—主井;2—副井;3—井底车场;4—运输大巷;
5—石门;6—采区车场;7—采区上山;8—运输道;9—风井

学习目标

1. 提升机的作用及工作过程。
2. 提升机的组成和结构。
3. 提升机的操作。
4. 提升机的日常维护。

任务1 矿井提升的工作原理及构造

矿井提升设备主要由提升机、提升钢丝绳、提升容器、天轮(或导向轮)、井架(或井塔)、辅助装置等组成。

提升机包括机械设备和拖动控制系统,按其工作原理及结构不同分为缠绕式提升机和摩擦式提升机两大类。

提升容器按结构不同分为罐笼、箕斗、矿车等。

由于使用的提升机不同,煤矿提升运输可分为摩擦提升、缠绕提升;使用的提升容器不同,可分为主井箕斗提升、副井罐笼提升、斜井串车提升;所处的井筒不同,可分为立井提升、斜井提升等。但不论哪一种提升都是靠提升机拖动提升钢丝绳,从而拖动提升容器来实现提升货载的。因此,首先要学习提升机的工作原理和结构。

一、单绳缠绕式提升机的工作原理及结构

(一)单绳缠绕式提升机的工作原理

单绳缠绕式提升机的工作原理如图6-2所示。提升钢丝绳的一端固定在提升机滚筒上,另一端绕经井架上的天轮,固定在提升容器上。电动机经齿轮减速器带动主轴及滚筒以不同方向旋转时,提升钢丝绳在滚筒上缠入或放出,从而实现容器的提升或下放。

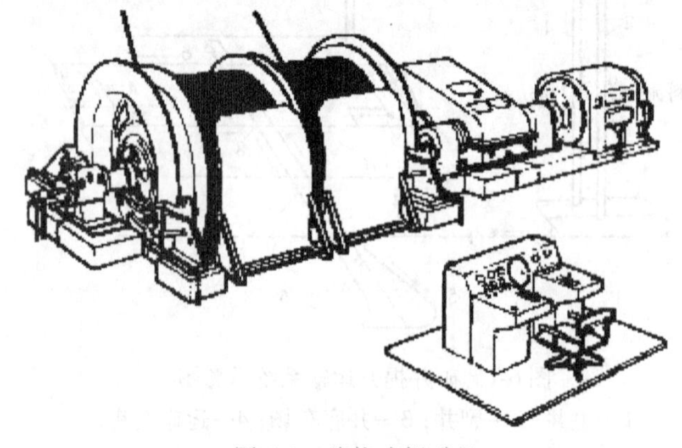

图6-2 缠绕式提升机

(二)单绳缠绕式提升机的结构

单绳缠绕式提升机按其滚筒个数可分为单滚筒提升机和双滚筒提升机。单滚筒提升机一般用于产量较小的矿井,双滚筒提升机在矿山应用最多。国产的单绳缠绕式提升机有两个系

列:JT 系列,滚筒直径为 0.8 ~ 1.2 m,一般称为绞车,有防爆和不防爆两种。JK 系列,滚筒直径为 1.6 ~ 5 m,一般称为提升机,主要用于立井提升。JK 系列提升机的外形如图 6-2 所示。其结构组成如图 6-3 所示。

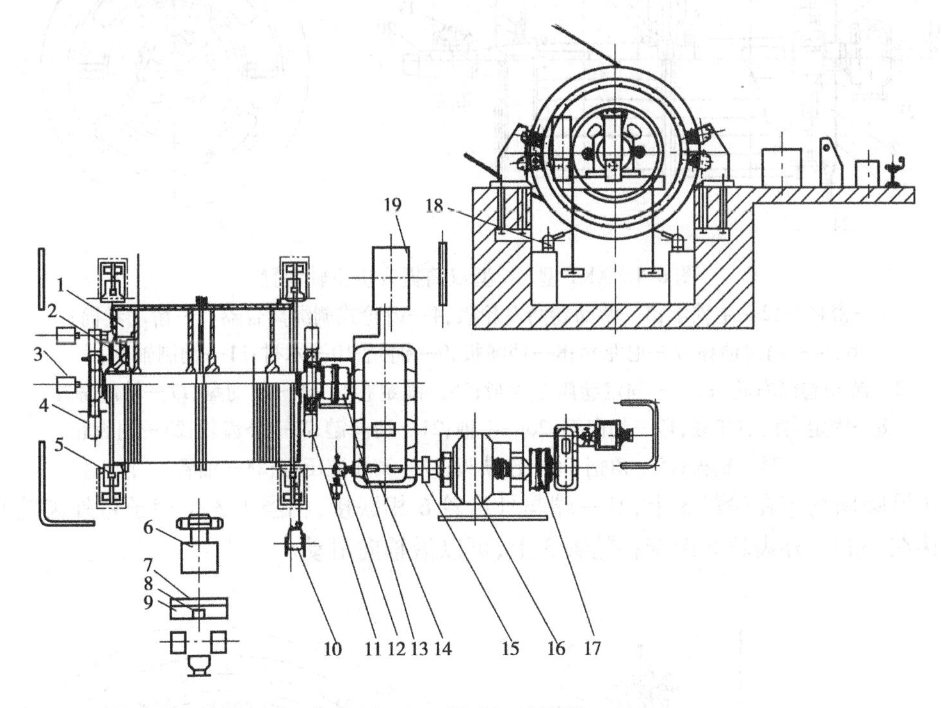

图 6-3 提升机结构图

1—主轴装置;2—径向齿块离合器;3—多水平深度指示器传动装置;4—左轴承梁;5—盘形制动器;6—液压站;7—操纵台;8—粗针指示器;9—精针指示器;10—牌坊式深度指示器;11—右轴承梁;12—测速发电机;13,15—联轴器;14—减速器;16—电动机;17—微拖装置;18—锁紧器;19—润滑站

1. 主轴装置结构

JK 系列双滚筒提升机的主轴装置由主轴、主轴轴承、固定滚筒、活动滚筒、4 个轮毂及调绳离合器等组成,如图 6-4 所示。

主轴轴承为滑动轴承,起支撑主轴的作用。固定滚筒装在主轴的靠电动机侧,其左侧轮毂滑装在主轴上,其右侧轮毂压装在主轴上,并用强力切向键与主轴联接。滚筒与左侧轮毂的联接采用螺栓联接,螺栓一半为精制配合螺栓,一半为普通螺栓。滚筒与右侧轮毂的联接采用螺栓联接,螺栓全部为精制配合螺栓。

活动滚筒装在主轴的远离电动机侧,其右侧轮毂滑装在主轴上,其左侧轮毂压装在主轴上,并用强力切向键与主轴联接。活动滚筒与右侧轮毂的联接采用螺栓联接,螺栓一半为精制配合螺栓,一半为普通螺栓,活动滚筒与左侧轮毂的联接采用齿轮离合器联接。这样做的目的是方便调绳。

2. 调绳离合器结构

双滚筒提升机都装有调绳离合器,其作用是使活滚筒与主轴联接或脱开,以便调节绳长时,能使两滚筒相对运动。

JK 型提升机的调绳离合器曾为轴向移动齿轮离合器,其结构原理如图 6-5 所示。3 个调

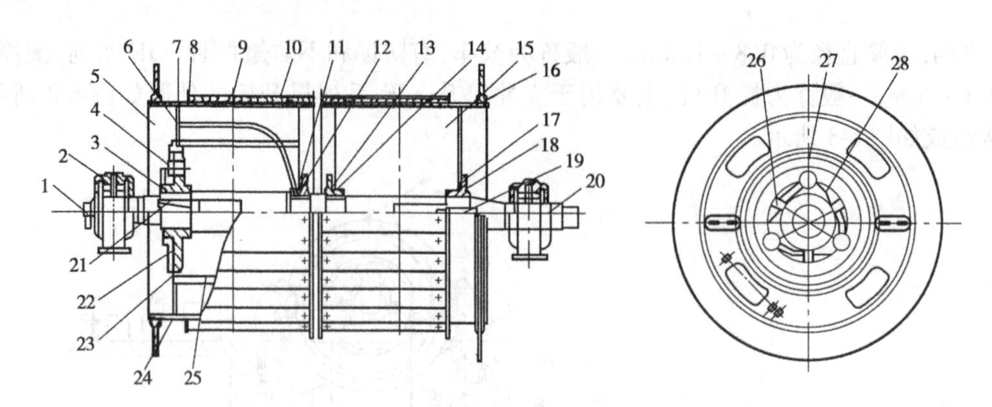

图 6-4　XKT 型、JK 型双筒提升机主轴装置

1—密封头；2—主轴承；3—游动卷筒左轮毂；4—齿轮式调绳离合器；5—游动卷筒；
6，14—润滑油杯；7—尼龙套；8—挡绳板；9—铜壳；10—木衬；11—铜制轴套；
12—游动卷筒右轮毂；13—固定卷筒左轮毂；15—固定卷筒；16—制动盘；17—精制螺栓；
18—固定卷筒右轮毂；19—切向键；20—主轴；21—切向键；22—外齿轮；23—内齿轮；
24—辐板；25—角钢；26—连锁阀；27—调绳液压缸；28—油管

绳油缸 4 沿圆周均布在轮毂 3 上，其一端与外齿轮 6 相联接，相当于 3 个销子将外齿轮 6 和轮毂 3 联接在一起。外齿轮 6 滑套在轮毂 3 上，可以沿轴向滑动。

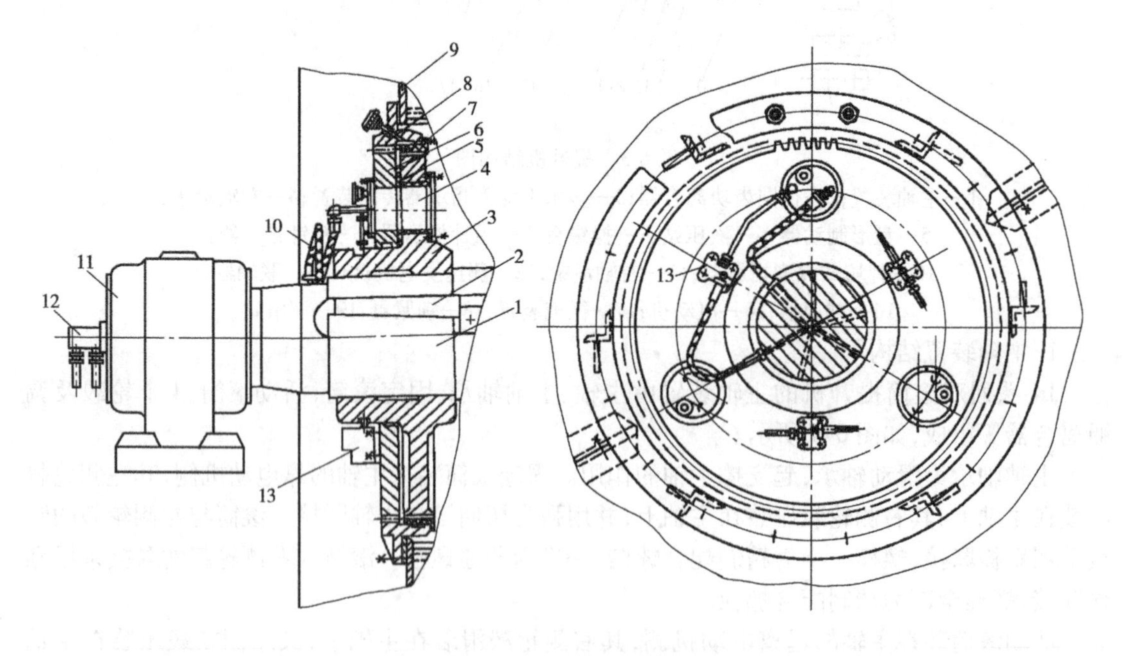

图 6-5　轴向移动齿轮离合器

1—主轴；2—键；3—轮毂；4—油缸；5—橡胶缓冲垫；6—齿轮；7—尼龙瓦；
8—内齿轮；9—卷筒轮辐；10—油管；11—轴承座；12—密封头；13—闭锁阀

当调绳离合器处于合上状态（见图位置）时，外齿轮 6 与固定在活滚筒轮辐 9 上的内齿圈 8 啮合，从而带动活滚筒随主轴一起旋转。当调绳离合器处于脱开状态时，3 个调绳油缸伸出，使外齿轮 6 沿轴向向左滑动，与固定在活滚筒轮辐 9 上的内齿圈 8 脱开啮合，活滚筒不随主轴一起旋转。

轴向移动齿轮离合器的缺点是对齿稍困难,需反复几次才能对上。为了克服这一缺点,JK 型提升机已改用径向齿块式离合器,其结构如图 6-6 所示。内齿圈 1 固定在活滚筒的辐板上,径向齿块 2 通过滑动毂 4 的带动与内齿圈 1 啮合或脱开,滑动毂 4 由离合油缸 6 的活塞杆推动。当压力油进入离合油缸 6 的合上腔时,活塞杆伸出,推动滑动毂 4、撑杆 3,使齿块 2 向外撑开(类似撑开雨伞)与内齿圈 1 啮合,使活滚筒随主轴一起旋转。当压力油进入离合油缸 6 的离开腔时,活塞杆伸缩回,拉动滑动毂 4、撑杆 3,使齿块 2 向内收回(类似收雨伞)与内齿圈 1 脱开啮合,使活滚筒不随主轴一起旋转。

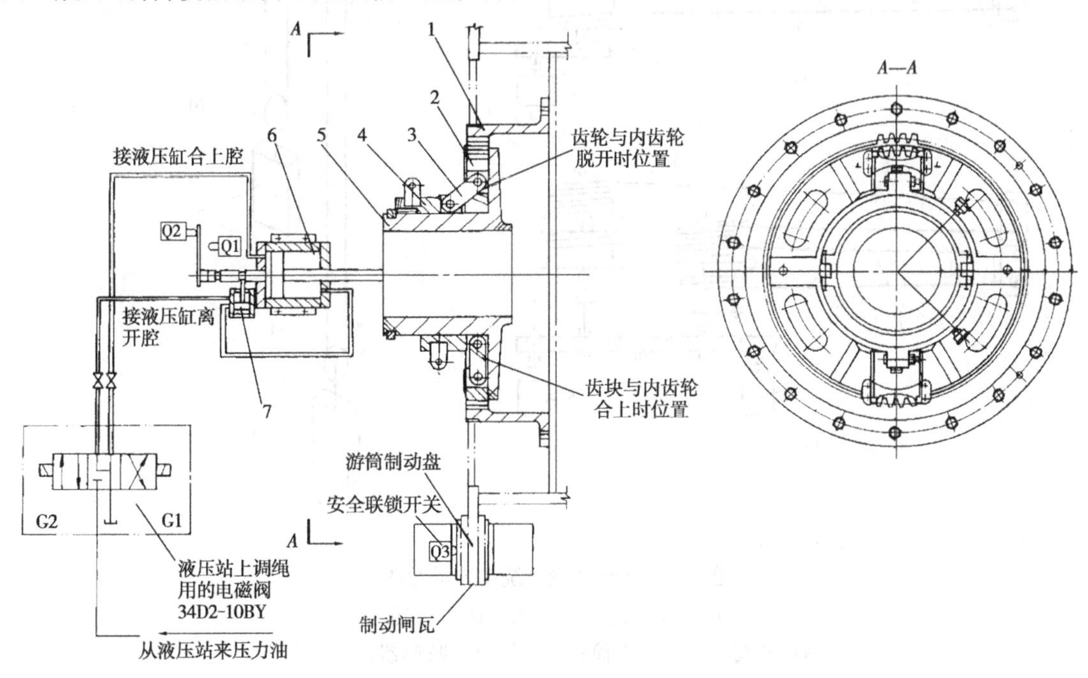

图 6-6　径向齿块式调绳离合器结构及工作原理图

1—内齿圈;2—齿块;3—撑杆;4—移动毂;5—轮毂;6—调绳液压缸;7—连锁阀

二、多绳缠绕式提升机

多绳缠绕式提升机是用两根以上的钢丝绳与提升容器相连接,滚筒用附加挡板分隔开,每根钢丝绳在各自的分段上缠绕,利用平衡悬挂装置调节钢丝绳间的张力平衡。

多绳缠绕式提升机有 3 种不同的结构布置形式:同轴直线布置,前后排列布置,直联电动机分别拖动,如图 6-7 所示。

多绳缠绕式提升机与单绳缠绕式提升机相比,其钢丝绳直径、滚筒直径、滚筒宽度均相应减少。与多绳摩擦式提升机相比,多绳缠绕式提升机不用尾绳,克服了深井提升时尾绳带来的问题。故多绳缠绕式提升机适合于深井、大负载的提升。在不宜采用摩擦式提升机,单绳缠绕式提升机又不能满足要求时,可以采用多绳缠绕式提升机。

三、多绳摩擦式提升机

(一)多绳摩擦式提升机工作原理

多绳摩擦式提升机工作原理如图 6-8 所示。主导轮 1(摩擦轮)安装在提升井塔上(见图

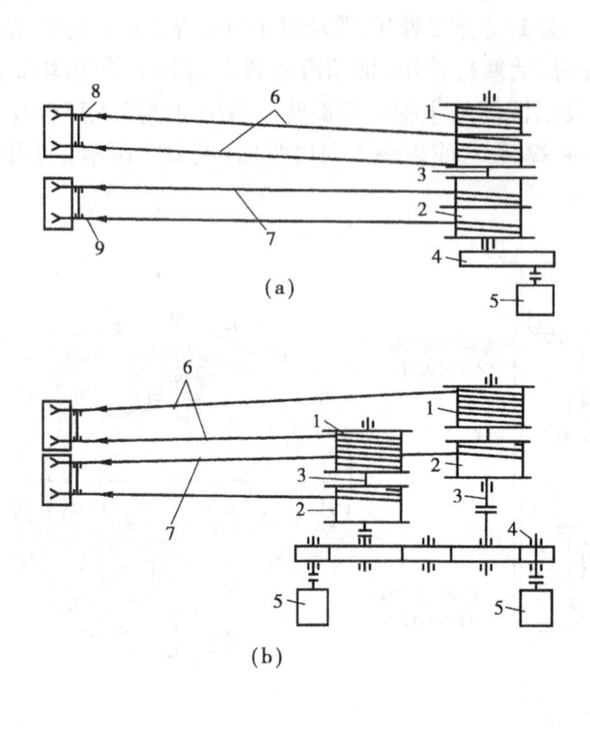

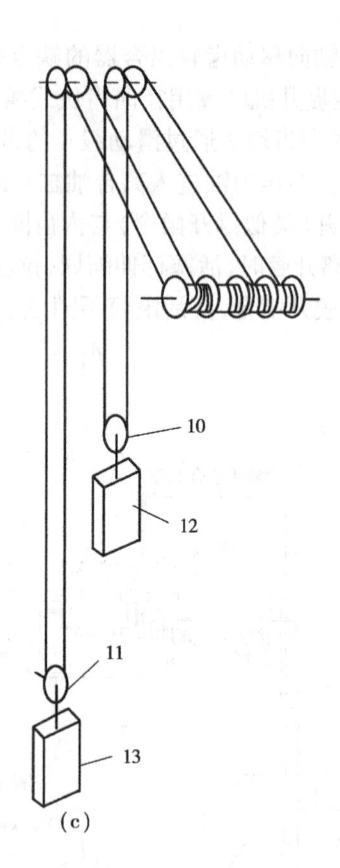

图 6-7　多绳缠绕系统布置示意图

(a)同轴式;(b)前后轴式;(c)直连式

1—活动卷筒;2—固定卷筒;3—主轴;4—减速器;5—电动机;

6—上出绳;7—下出绳;8,9—双槽天轮;10,11—平衡补偿装置;12,13—提升容器

6-8(a)、(b)),或安装在地面机房(见图 6-8(c)),几根钢丝绳 3 等距离地搭在主导轮的衬垫上,钢丝绳两端分别与容器 4 相连,平衡尾绳 5 的两端分别与容器的底部相连后自由地悬挂在井筒中。当电动机带动主导轮转动时,通过衬垫与提升钢丝绳之间产生的摩擦力带动容器往复升降,完成提升任务。导向轮 2 用于增大钢丝绳在主导轮上的围包角或缩小提升中心距。

(二)多绳摩擦式提升机的结构

多绳摩擦式提升机的结构如图 6-9 所示。

摩擦提升机有塔式和落地式两种。塔式布置紧凑省地,可省去天轮,全部载荷垂直向下,井塔稳定性好,钢丝绳不裸露在外经受风雨;但井塔造价高,抗地震能力不如落地式。我国生产的多绳摩擦式提升机主要有 JKM 系列、JKMD 系列、JKD 系列、JKMX 系列、JKMXD 系列。

(1)主轴装置

多绳摩擦式提升机的主轴装置由主轴、摩擦轮、摩擦衬垫、滚动轴承、轴承座、轴承盖、轴承梁、固定块、压块、夹板、高强度螺栓组件等组成,如图 6-10 所示。

井塔式与落地式的主轴装置不同之处仅在于:井塔式的摩擦衬垫为单绳槽,而落地式的摩擦衬垫为双绳槽。

(2)摩擦轮

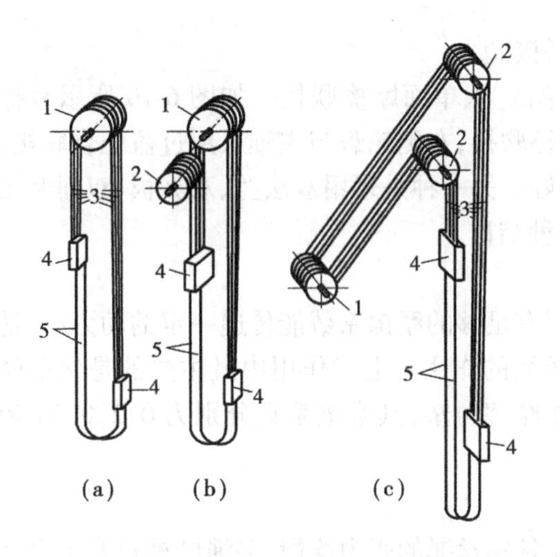

图6-8 多绳摩擦式提升示意图

1—摩擦轮；2—导向轮；3—钢丝绳；4—提升容器；5—尾绳

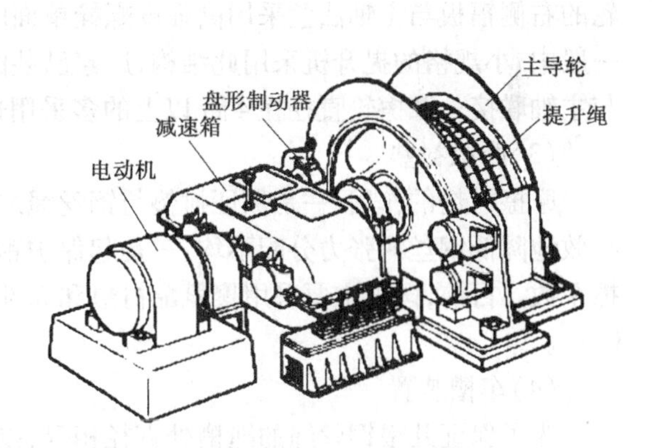

图6-9 多绳摩擦式矿井提升机

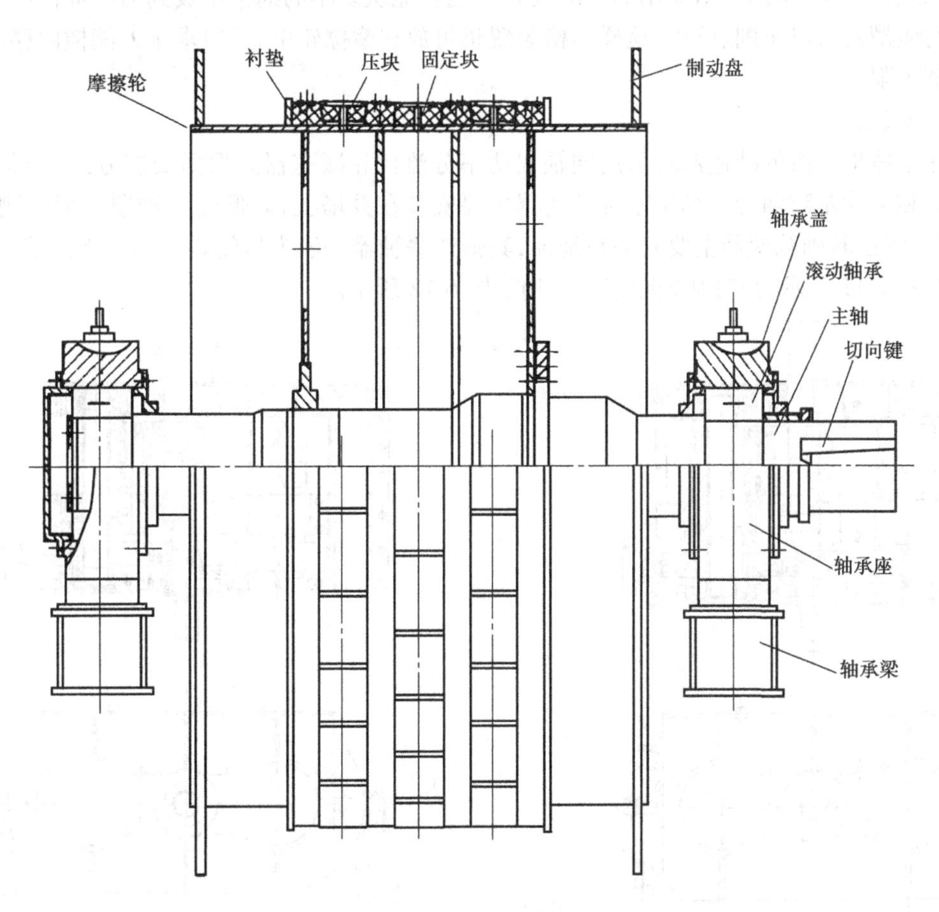

图6-10 多绳提升机主轴装置

摩擦轮多采用整体全焊接结构，少数大规格提升机由于受运输吊装条件限制，需要做成两半剖分结构,在结合面处用定位销及高强度螺栓联接。

摩擦轮与主轴联接有两种方式:一种是采用单法兰、单面摩擦联接。如图6-10所示摩擦轮的右侧辐板与主轴法兰采用高强度螺栓单面摩擦联接,左侧轮毂与主轴采用过盈配合联接。一般中、小规格的提升机采用此结构,厂家已装配好。另一种是采用双法兰、双夹板、双面摩擦与主轴联接。摩擦轮直径在4 m以上的多采用这种结构。

(3)摩擦衬垫

摩擦衬垫的作用:一是保证衬垫与钢丝绳之间有足够的摩擦系数能传递一定的动力;二是有效地降低钢丝绳张力分配不均;三是起保护钢丝绳的作用。上述作用中最主要的是保证摩擦系数。目前,国内主要采用聚氨酯衬垫和高性能摩擦衬垫,其摩擦系数分别为0.2,0.23和0.25。

(4)车槽装置

为了保证几根钢丝绳的绳槽处直径相等,以使各钢丝绳的张力均衡,多绳摩擦提升机设有车槽装置。对于塔式多绳摩擦提升机,车槽装置设在摩擦轮的正下方,车刀数与绳槽数相等;对于落地式多绳摩擦提升机,由于钢丝绳向上引出,直接安装车槽装置及操作都比较困难,可以采用双绳槽衬垫,车槽时用专用的拨绳装置将钢丝绳从要车的绳槽中拨到另一绳槽中工作,空出来的绳槽就可以车削、校正,这样车槽装置仍可放在摩擦轮下,但要求车刀能横向移动,以适应双槽车削。

(5)减速器

多绳摩擦提升机的减速器均采用同轴式功率分流齿轮减速器。根据安装方式不同,又分弹簧基础和刚性基础两种。弹簧基础减速器主要安装在井塔上,其低速联轴器一般为刚性法兰联轴器;刚性基础减速器主要安装在地面,其低速联轴器一般为齿轮联轴器。刚性基础减速器结构如图6-11所示,弹簧基础减速器结构如图6-12所示。

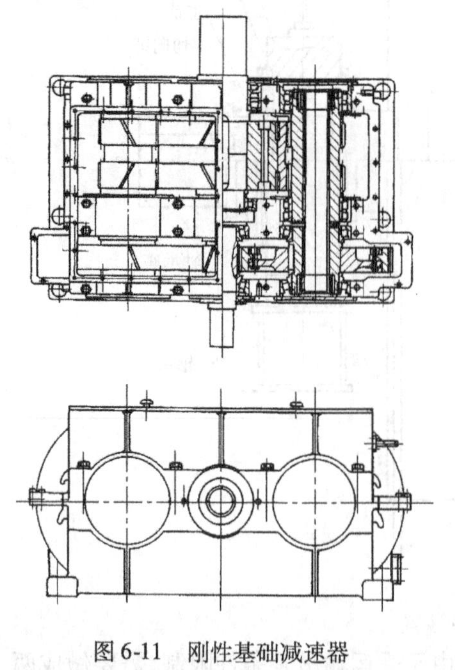

图6-11　刚性基础减速器

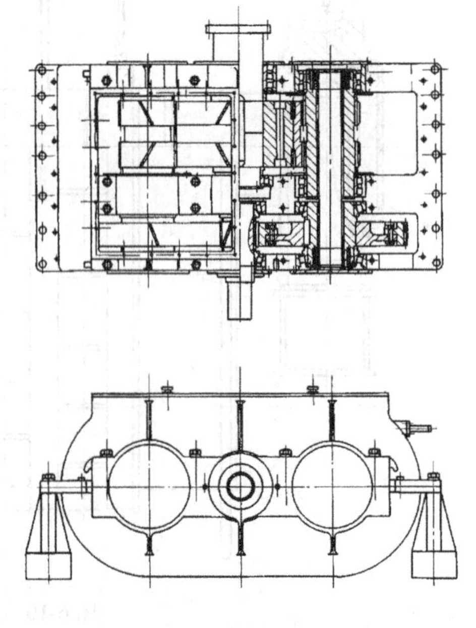

图6-12　弹簧基础减速器

(6)钢丝绳张力平衡装置

多绳摩擦提升机上各钢丝绳的张力往往很难保持一致,其原因如下:

①材质及捻制工艺的不均造成每根钢丝绳刚度的偏差。

②各绳槽直径车削的偏差。

③安装误差造成各钢丝绳长度的偏差。

④钢丝绳蠕动量(即变形)偏差。

改善各钢丝绳张力不平衡的措施如下:

①尽量消除各钢丝绳材质及捻制工艺的差异。一组钢丝绳最好使用连续生产的制品。

②定期及时车削绳槽。

③采用张力平衡机构,各种张力平衡机构如图6-13所示。

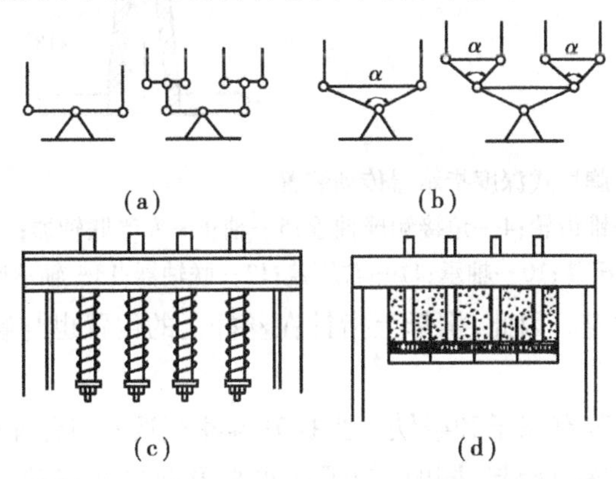

图6-13　各种平衡机构示意图

(a)平衡杆式;(b)角杆式;(c)弹簧式;(d)液压式

④定期调整钢丝绳张力,螺旋液压调绳器的结构如图6-14所示。

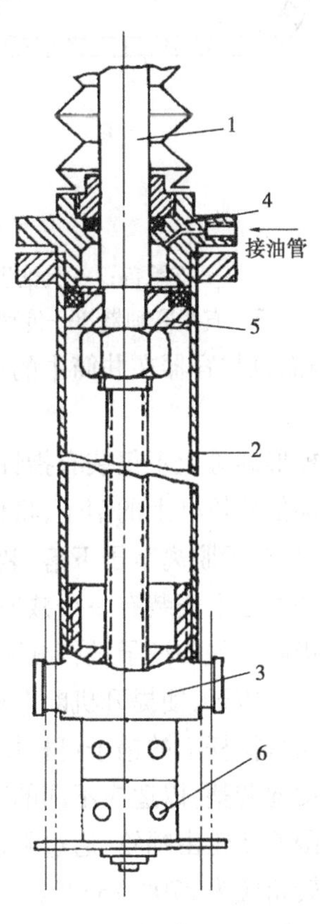

图6-14　螺旋液压调绳器

1—活塞杆;2—液压缸;3—底盘;4—液压缸盖;5—活塞;6—圆螺母

四、深度指示器

(一)深度指示器的作用

深度指示器有以下作用:

(1)向司机指示容器在井筒中的位置。

(2)容器接近井口停车位置时发出减速信号。

(3)在减速阶段,通过限速装置进行限速保护。

(4)通过过卷保护装置进行过卷保护。

深度指示器的种类有牌坊式和圆盘式两种。

(二)牌坊式深度指示器

牌坊式深度指示器由传动装置和指示器两部分组成,两者通过联轴器相联接。传动装置的结构如图6-15所示。指示器的结构如图6-16所示。

牌坊式深度指示器的工作原理如图6-17所示。提升机主轴的旋转运动由传动装置传给深度指示器,经过齿轮对带动丝杆,使两根丝杆以相反的方向旋转。当丝杆旋转时,带有指针的两个梯形螺母也以相反的方向移动,即一个向上,一个向下。丝杆的转数与主轴的转数成正

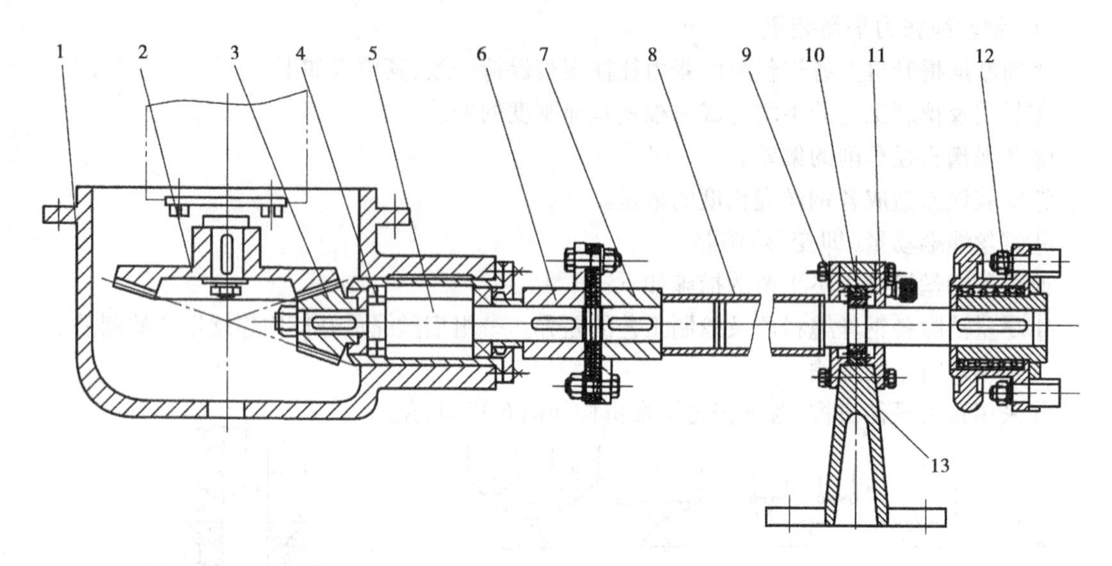

图 6-15　牌坊式深度指示器传动装置

1—支承盖;2—大锥齿轮;3—小锥齿轮;4—角接触球轴承;5—轴;6—左半联轴器;
7—右半联轴器;8—传动轴;9—左压盖;10—轴承;11—右压盖;12—联轴器;13—轴承座

比,因而也与容器在井筒中的位置相对应。因此,螺母上指针在丝杆上的位置也与容器位置相对应。

梯形螺母上不仅装有指针,另外还装有掣子和碰铁。当提升容器接近井口停车位置时,掣子带动信号拉杆上的销子,将信号拉杆逐渐抬起,同时,销子在水平方向也在移动。当达到减速点时,销子脱离掣子下落,装在信号拉杆上的撞针敲击信号铃,发出减速信号。在信号拉杆旁边的立柱上安装有一个减速极限开关,当提升容器到达一定位置时,信号拉杆上的碰铁碰压减速极限开关的滚子进行减速,直至停车。若提升机发生过卷,则梯形螺母上的碰铁将把过卷极限开关压开,使提升机断电进行过卷保护。

信号拉杆上的销子可根据需要移动位置,减速极限开关和过卷极限开关的上下位置可以很方便地调整,以适应不同的减速距离和过卷距离的要求。

限速凸轮由蜗轮,通过限速变阻器或自整角机进行限速保护。在一次提升过程中每个凸轮的转角应为 270°~330°。

(三)圆盘式深度指示器

圆盘式深度指示器也是由传动装置和指示器两部分组成,但两部分之间靠自整角机联接。圆盘式深度指示器的传动装置如图 6-18 所示。它由传动轴 2、更换齿轮 1、蜗杆蜗轮 12、左右限速圆盘 14,15 及机座等组成。

提升机主轴的转动通过传动轴 2、更换齿轮 1、蜗杆蜗轮 12 带动左右限速圆盘旋转。左右限速圆盘上均装有碰板 7 和限速凸轮板 9,但方向相反,对应提升机的正、反转,每次只有一个圆盘起作用。机座两侧与左右限速圆盘对应位置安装有减速开关 6、过卷开关 3 和限速自整角机 13。通过限速圆盘上的碰板碰压减速开关、过卷开关发出减速信号和进行过卷保护。通过限速凸轮板带动限速自整角机 13 进行限速保护。同时,提升机主轴的转动通过传动轴、更换齿轮、蜗杆、齿轮带动自整角机发送机 10 发出提升容器位置信号,经导线传送给指示器上的

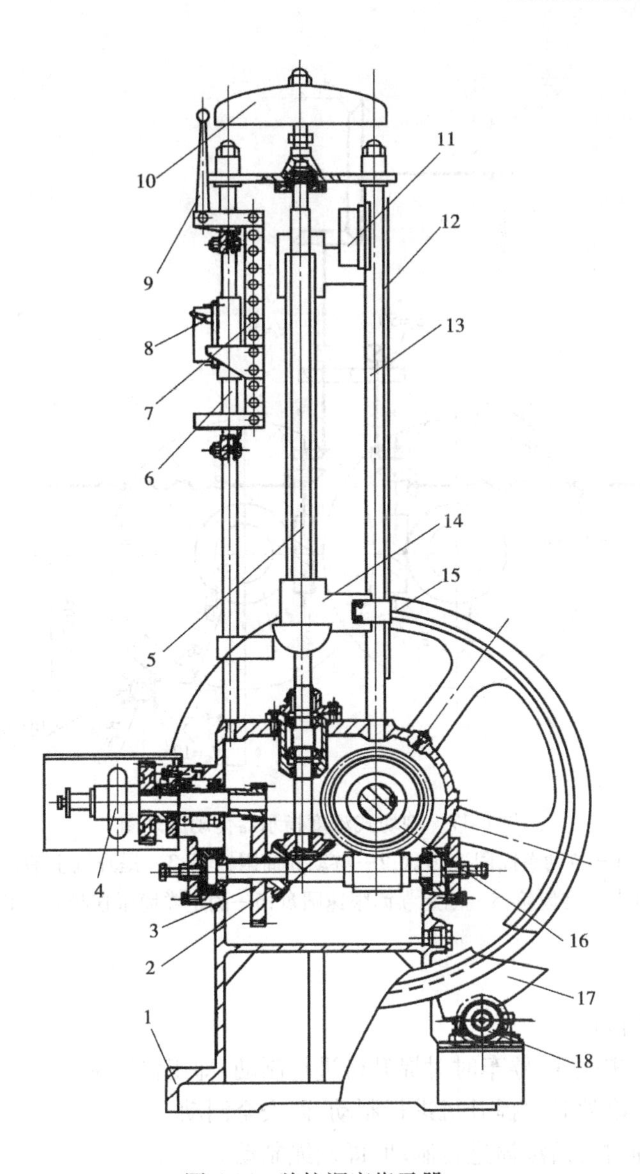

图6-16　牌坊深度指示器

1—箱体；2—伞齿轮对；3—齿轮对；4—离合手轮；5—丝杠；
6—立柱；7—信号拉杆；8—减速极限开关位置；9—撞针；10—信号铃；
11—过卷极限开关位置；12—标尺；13—立柱；14—梯形螺母；
15—限速圆盘；16—蜗轮传动装置；17—限速凸轮板；18—自整角机限速装置

自整角机接收机。

圆盘指示器的结构如图6-19所示。它由指示圆盘1、精针2、粗针3、有机玻璃罩4、接收自整角机5、停车标记6、齿轮7及外壳8等组成。接收自整角机5接收到来自发送自整角机的信号后，经过3对减速齿轮带动粗针转动，进行粗针指示。经过一对减速齿轮带动精针转动，进行精针指示。指示圆盘上有两条环形槽，槽中备有数个红、绿色橡胶标记，用来表示减速或停车位置。

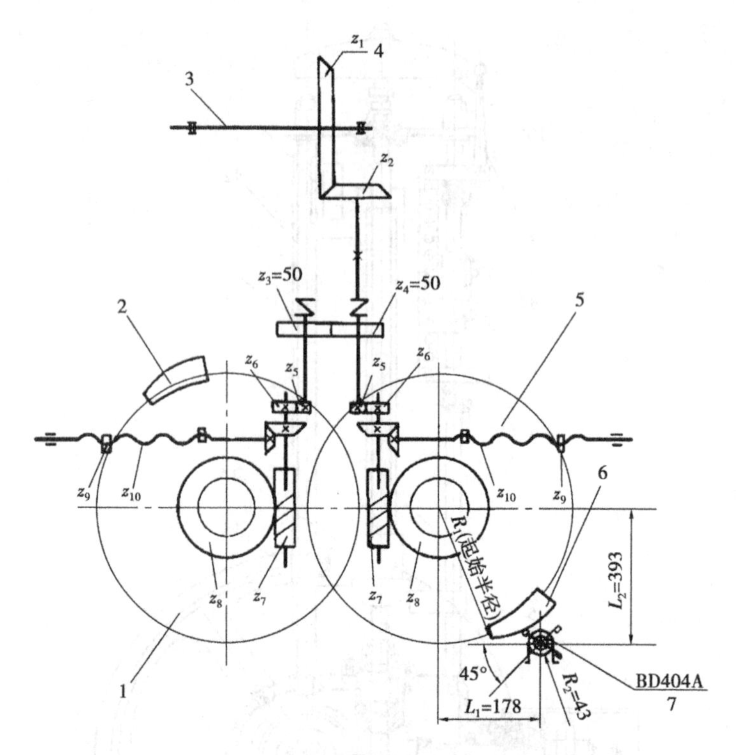

图 6-17　牌坊式深度指示器传动原理图

1—游动卷筒限速圆盘;2—游动卷筒限速板;3—提升机主轴;

4—主轴上大锥齿轮;5—固定卷筒限速圆盘;6—固定卷筒限速板;7—自整角机

五、制动装置

制动装置的作用如下:

(1)在正常工作中减速、停车时对提升机进行制动,即工作制动。

(2)在发生紧急事故时对提升机进行制动,即安全制动。

(3)在进行调绳时对活滚筒进行制动,即调绳制动。

制动装置由盘式制动器(盘形闸)和液压站两部分组成。

(一)盘式制动器(盘形闸)的结构原理

盘式制动器的结构如图 6-20 所示。它由闸瓦 26、带筒体的衬板 25、碟形弹簧 2 和液压组件、联接螺栓 12、后盖 11、密封圈 13、制动器体 1 等组成。液压组件由挡圈 4、骨架式油封 5、YX 形密封圈 22 和 8、液压缸 21、调整螺母 20、活塞 10、密封圈 14,16,17 及液压缸盖 9 等组成。液压组件可单独整体拆下并更换。

盘式制动器的制动力矩是靠闸瓦沿轴向从两侧压向制动盘产生的,为了使制动盘不产生附加变形,主轴不承受附加轴向力,盘式制动器都是成对使用,每一对为一副。根据所需制动力矩的大小,一台提升机可以同时布置两副、四副或多副。

盘式制动器是由碟形弹簧产生制动力,靠油压产生松闸力。制动状态时,闸瓦压向制动盘的正压力大小取决于液压缸内油压的大小。当缸内油压为最小值时,弹簧力几乎全部作用在闸瓦上,此时闸瓦压向制动盘的正压力最大,制动力矩也最大,呈全制动状态;当缸内油压为液

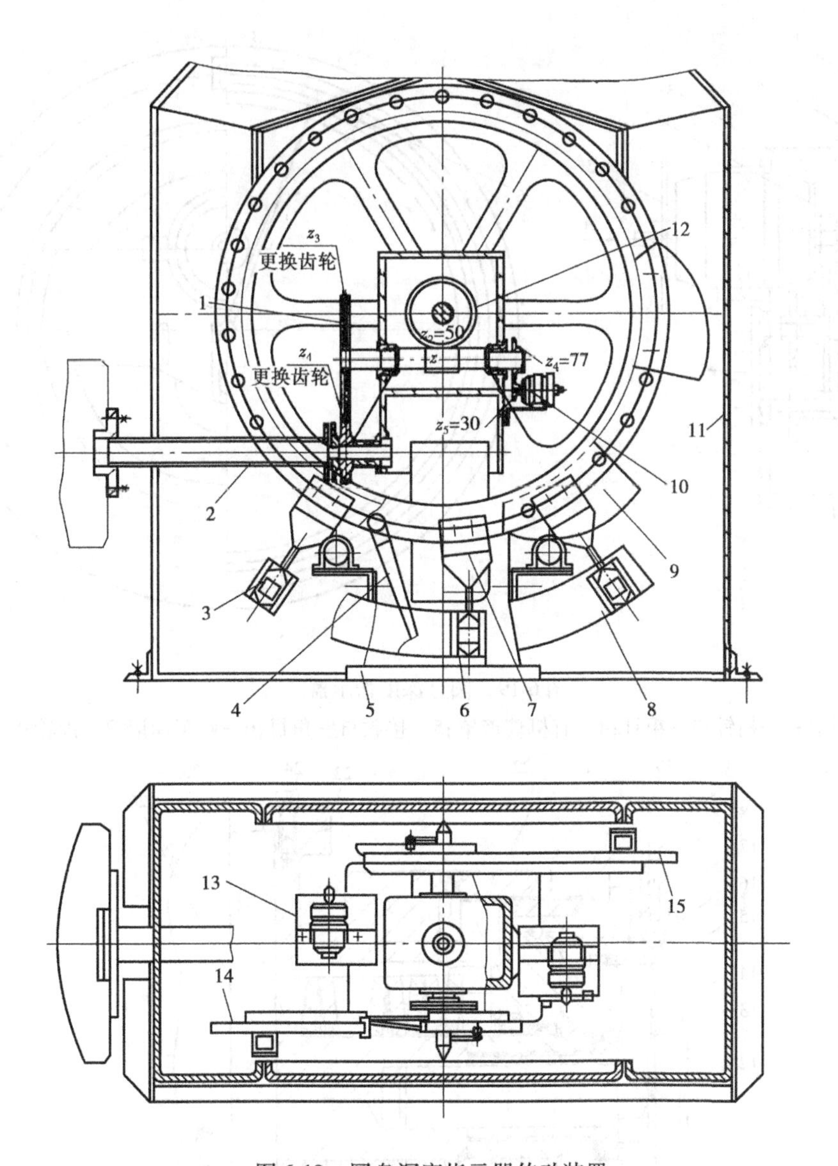

图6-18　圆盘深度指示器传动装置

1—更换齿轮;2—传动轴;3—过卷开关;4—右轮锁紧装置;5—机座;6—减速开关;
7—碰板装置;8—开关架装置;9—限速凸轮板;10—发送自速角机装置;11—外罩;
12—蜗轮蜗杆;13—自整角机限速装置;14—右限速圆盘;15—左限速圆盘

压系统整定的最大值时,碟形弹簧被压缩,弹簧力被液压力克服,闸瓦压向制动盘的正压力为零,呈松闸状态。

正压力与油压的关系如图6-21所示。

(二)液压站

1.液压站的作用

(1)工作制动时产生不同的油压以控制盘式制动器获得不同的制动力矩。

(2)安全制动时能控制盘式制动器的回油快慢以实现二级制动。

(3)调绳制动时能控制盘式制动器闸住活滚筒,并控制调绳离合器的离、合,完成调绳。

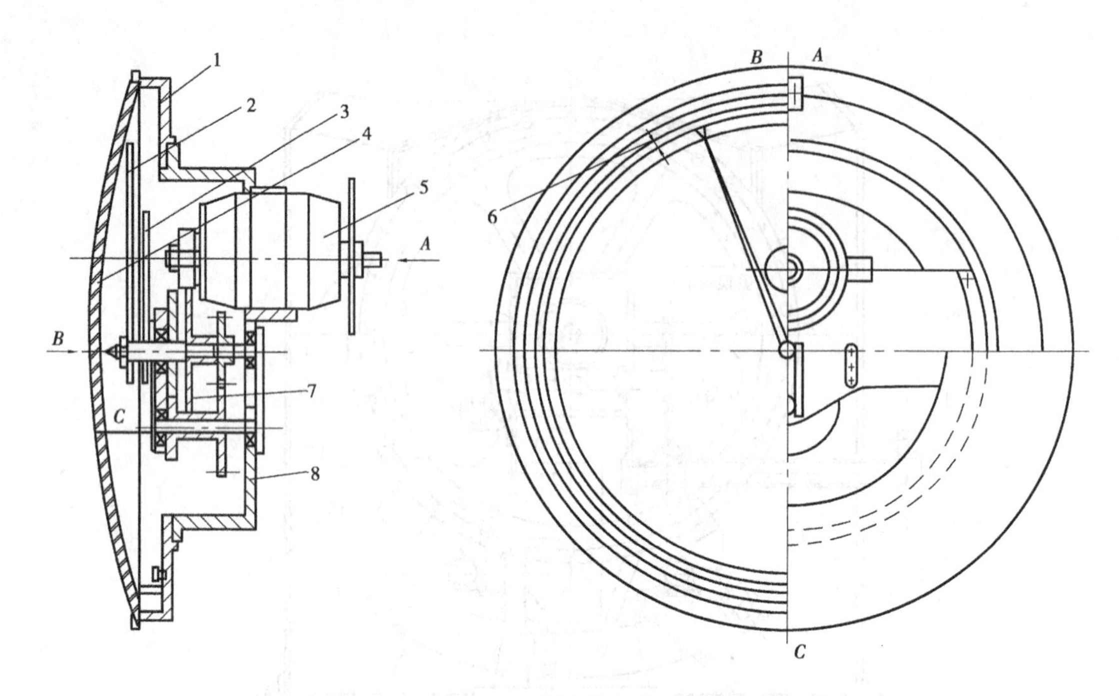

图 6-19　圆盘深度指示器

1—指示圆盘;2—精针;3—粗针;4—有机玻璃罩;5—接收自整角机;6—停车标记;7—齿轮;8—架子

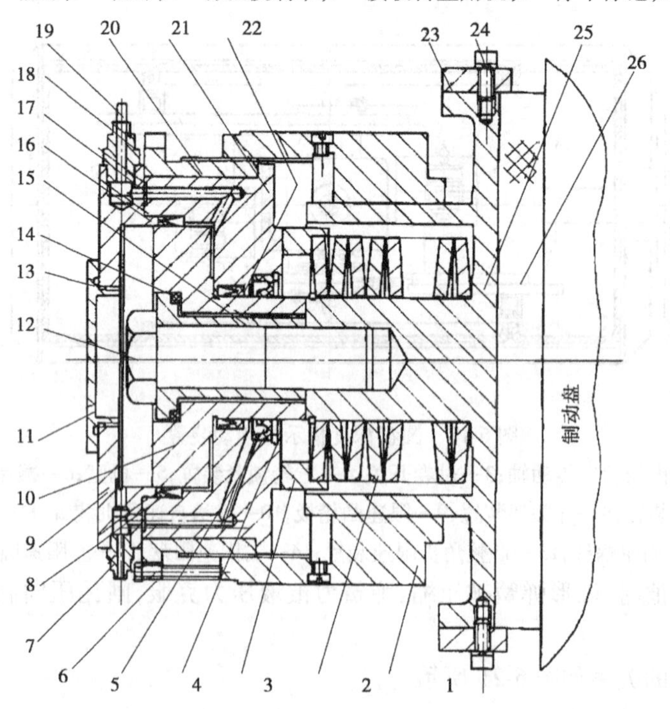

图 6-20　液压缸后置盘式制动器

1—制动器体;2—蝶形弹簧;3—弹簧座;4—挡圈;5—V 形密封;
6—螺钉;7—渗漏油管接头;8,22—YX 形密封圈;9—液压缸盖;
10—活塞;11—后盖;12—联接螺栓;13,14,16,17—密封圈;
15—活塞内套;18—压力油管接头;19—油管;20—调节螺母;
21—液压缸;23—压板;24—螺栓;25—带筒体的衬板;26—闸瓦

2. 液压站的种类

由于提升机的不断更新换代,液压站的结构、性能和型号也在不断更新换代,现在有以下类型和型号的液压站:

(1)电气延时实现二级制动的液压站,有B157,B159,TE130,TE131,TE132等。其中TE130和B157的结构原理完全相同,用于JK型提升机;TE131和B159的结构原理完全相同,用于多绳摩擦式提升机,B159与B157的差别是没有调绳制动部分。TE132是在TE131的基础上增加了两个压力继电器和一个压力传感器,这是与采用PLC控制系统相配套的液压站。

(2)液压延时实现二级制动的液压站,有TE002,用于JK型提升机;TE003,用于多绳摩擦式提升机,TE003与TE002的差别是没有调绳制动部分。

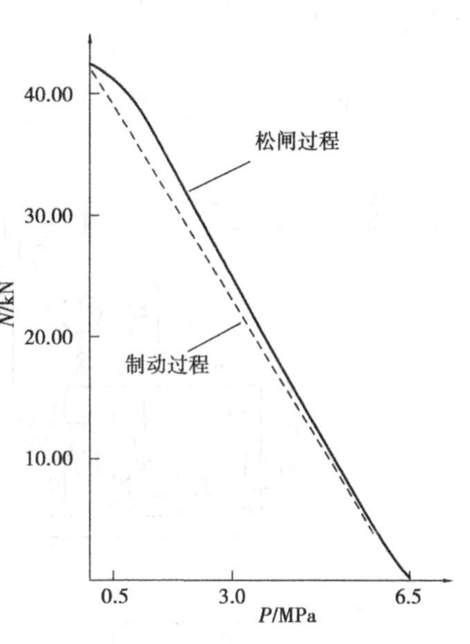

图6-21　正压力与油压的关系

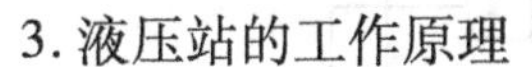
3. 液压站的工作原理

(1)B157液压站的工作原理

B157液压站的组成如图6-22所示。

该液压站有两台叶片泵,一台工作,一台备用,两台泵替换工作时,由液动换向阀13自动转接到系统。

①工作制动

提升机正常工作时,电磁铁G3,G4,G5通电,G1,G2,G6断电,叶片泵4输出的压力油经过滤器5、液动换向阀13、电磁换向阀11,17进入各制动器,油压的大小通过司机操作制动手把控制电液调压装置6的电流大小来改变,从而达到调节制动力矩的目的。

同时压力油经减压阀9、单向阀10、进入蓄能器12,其压力由溢流阀8限定,达到一级油压值$P_{1级}$。

②安全制动

当提升机因故障进行安全制动时,电动机3断电,液压泵4停止供油,电液调压装置线圈、电磁铁G3,G4断电,固定滚筒制动器的压力油经电磁换向阀17迅速流回油箱,实施抱闸,实现一级制动。活动滚筒制动器的压力油经电磁换向阀11一部分流到蓄能器12内,另一部分经溢流阀8流回油箱,使活动滚筒制动器的油压保持为一级油压值$P_{1级}$,暂时不能抱闸。经延时继电器延时后,电磁铁G5断电复位,使活动滚筒制动器的油流回油箱,实施抱闸,实现二级制动。

③调绳制动

调绳时要求活动滚筒处于制动状态,调绳离合器处于离开状态,而固定滚筒应处于松闸状态。各阀的动作情况如下:

电磁铁G1,G2,G3,G4,G5,G6断电,盘式制动器全处于制动状态。打开截止阀21,然后给G2通电,电磁换向阀18切换,压力油进入调绳离合器油缸离开腔,使活动滚筒与主轴脱开。接着再给G3通电,使压力油进入固定滚筒制动器,解除对固定滚筒的制动,即可进行

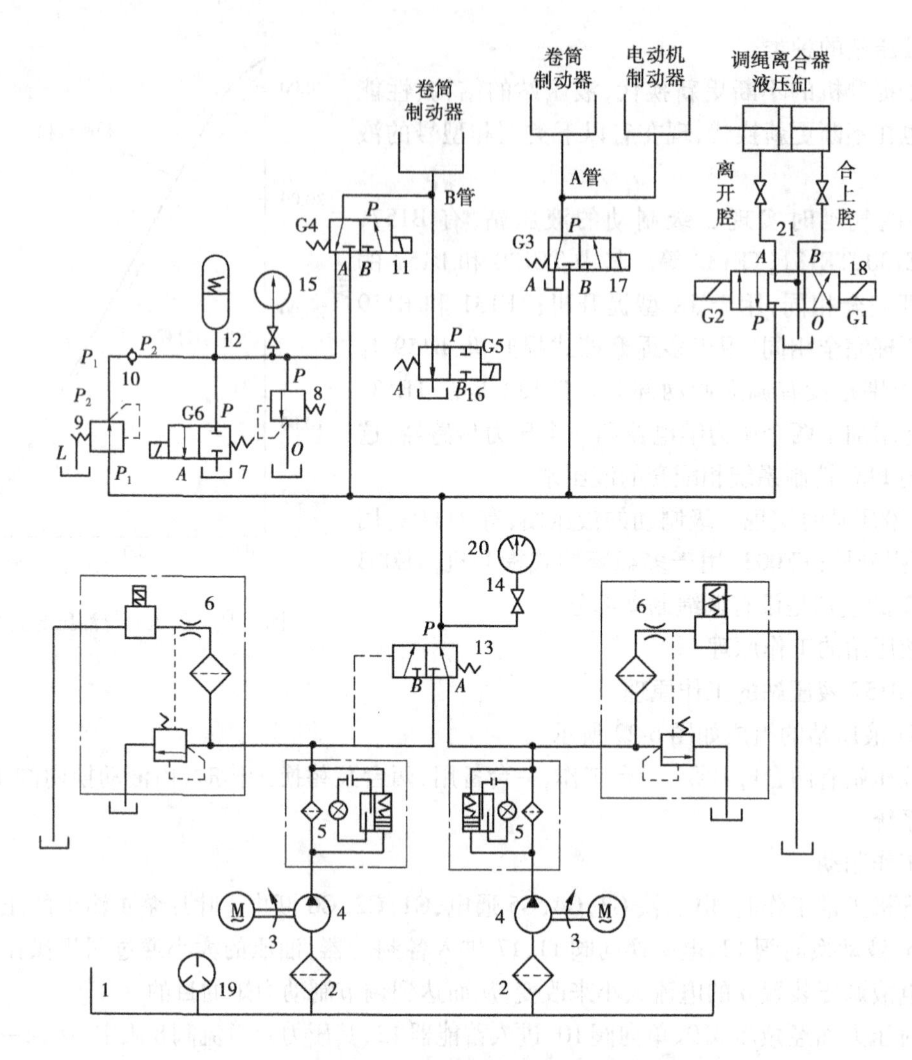

图 6-22　B157 液压站原理图

1—油箱;2—网式过滤器;3—电动机;4—油泵;5—纸质过滤器;
6—电液调压装置;7—电磁换向阀;8—溢流阀;9—减压阀;
10—单向阀;11—电磁换向阀;12—弹簧蓄力器;13—液动换向阀;
14—压力表开关;15—压力表;16—电磁换向阀;17—电磁换向阀;
18—电磁换向阀;19—电接点压力式温度计;20—电接点压力表;21—截止阀

调绳。

调绳结束后,G3 断电,固定滚筒制动,G2 断电、G1 通电,电磁换向阀 18 切换,压力油进入调绳离合器油缸合上腔,使活动滚筒与主轴接合。然后 G1 断电,电磁换向阀 18 切换回中位,断开油路。最后关闭截止阀 21。

(2)TE002 液压站的工作原理

TE002 液压站的组成如图 6-23 所示。

该液压站有两台叶片泵,一台工作,一台备用,两台泵替换工作时,由液动换向阀 18 自动转接到系统。

①工作制动

提升机正常工作时，电磁铁G3，G4，G5通电，G1，G2断电，叶片泵4输出的压力油经过滤器5、液动换向阀18、电磁换向阀15，20进入各制动器，油压的大小通过司机操作制动手把控制电液调压装置6的电流大小来改变，从而达到调节制动力矩的目的。

同时压力油经减压阀9、单向阀10、进入蓄能器13，其压力由溢流阀8限定，达到一级油压值$P_{1级}$。

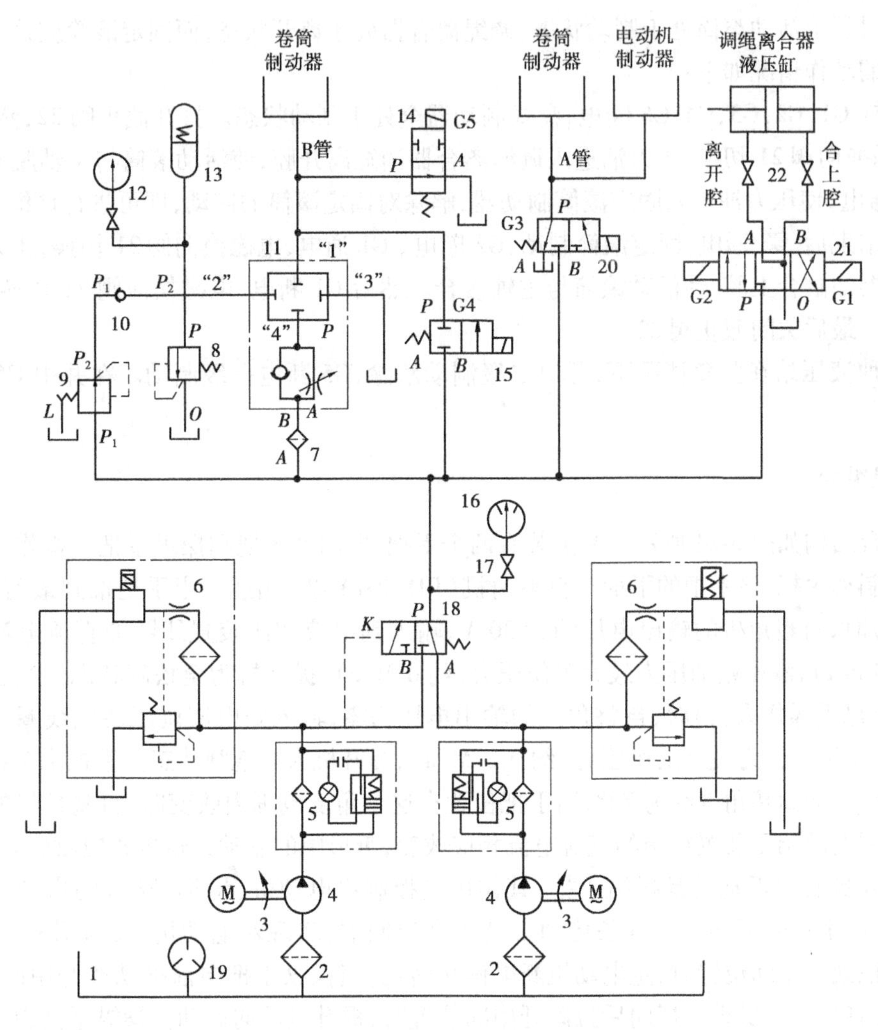

图6-23　TE002液压站原理图

1—油箱；2—网式过滤器；3—电动机 4—液压泵；5—纸质过滤器；
6—电液调压装置；7—纸质过滤器；8—溢流阀；9—减压阀；10—单向阀；
11—延时阀；12—压力表；13—弹簧蓄力器；14—电磁换向阀；
15—电磁换向阀；16—电接点压力表；17—压力表开关；18—液动换向阀；
19—电接点压力式温度计；20—电磁换向阀；21—电磁换向阀；22—截止阀

②安全制动

当提升机因故障进行安全制动时，电动机3断电，液压泵4停止供油，电液调压装置线圈、电磁铁G3，G4断电，固定滚筒制动器的压力油经电磁换向阀20迅速流回油箱，实施抱闸，实现一级制动。活动滚筒制动器的压力油经液压延时阀 11 的“1”“2”口一部分流到蓄能器 12 内，另一部分经溢流阀 8 流回油箱，使活动滚筒制动器的油压保持为一级油压值 $P_{1级}$，暂时不能抱闸。经液压延时阀延时后，阀 11 的“1”“3”口连通，使活动滚筒制动器的油流回油箱，实施抱闸，实现二级制动。

③调绳制动

调绳时要求活动滚筒处于制动状态，调绳离合器处于离开状态，而固定滚筒应处于松闸状态。各阀的动作情况如下：

电磁铁 G1，G2，G3，G4，G5 断电，盘式制动器全处于制动状态。打开截止阀 22，然后给 G2 通电，电磁换向阀 21 切换，压力油进入调绳离合器油缸离开腔，使活动滚筒与主轴脱开。接着再给 G3 通电，使压力油进入固定滚筒制动器，解除对固定滚筒的制动，即可进行调绳。

调绳结束后，G3 断电，固定滚筒制动，G2 断电、G1 通电，电磁换向阀 21 切换，压力油进入调绳离合器油缸合上腔，使活动滚筒与主轴接合。然后 G1 断电，电磁换向阀 21 切换回中位，断开油路。最后关闭截止阀 22。

这两种液压站在紧急情况下，井口二级制动解除，G5 断电一级制动。在井中 G5 通电二级制动。

六、操纵台

操纵台结构如图 6-24 所示。其上装有两个手把，即制动手把和操纵手把。操作人员左手扳动的是制动手把，该手把的下面与自整角机（BD-404A 型）相连。当手把推到最前面（远离操作人员）时，自整角机的输出电压约为 30 V，输入到电液调压装置线圈的直流电流为最大（I_{max} = 250 mA），液压站油压为最大工作压力（约 6 MPa），提升机为全松闸状态。当手把拉回到最后面（靠近操作人员）时，自整角机的输出电压为零，输入到电液调压装置线圈的直流电流为零，液压站油压为最小工作压力（约 0.3 MPa），提升机为全抱闸状态。手把由全松闸位置到全抱闸位置的回转角度约为 70°，当手把位置在这个角度范围内改变时，自整角机的输出电压和输入到电液调压装置线圈的直流电流相应改变，盘形闸的制动力矩也相应改变。

操作人员右手扳动的是操纵手把，其作用是控制主电动机（即提升机）的启动、停止、调速、换向。该手把的下部通过链条传动带动主令控制器，实现对电动机（即提升机）的控制。当操纵手把处于中间位置时，主电动机断电停止转动；当操纵手把向前推动离开中间位置时，提升机正向启动；当操纵手把向后拉离开中间位置时，提升机反向启动。操纵手把由中间位置向前推（或向后拉）的幅度越大，提升机的转速越大，直到全速。当操纵手把由向前推（或向后拉）的极限位置返回中间位置时，提升机减速直至停车。

操纵台斜面上装有两个油压表、12 个信号灯和若干个电表。两个油压表中一个指示制动系统的油压，另一个指示润滑系统的油压。信号灯由用户根据实际需要进行选用。电表的数量、型号、量程由拖动方式及控制方式确定。操纵台斜面中间装有圆盘深度指示器，当采用牌坊式深度指示器时，可选用不带圆盘深度指示器的斜面（见图 6-24）。

操纵台前平面左侧装有 4 个主令开关，中间装有 4 个转换开关，左右两侧还装有按钮，其数量由用户根据实际需要确定。

操纵台底部左侧装有一个踏板装置，供动力制动时使用。右侧装有一个紧急脚踏开关。

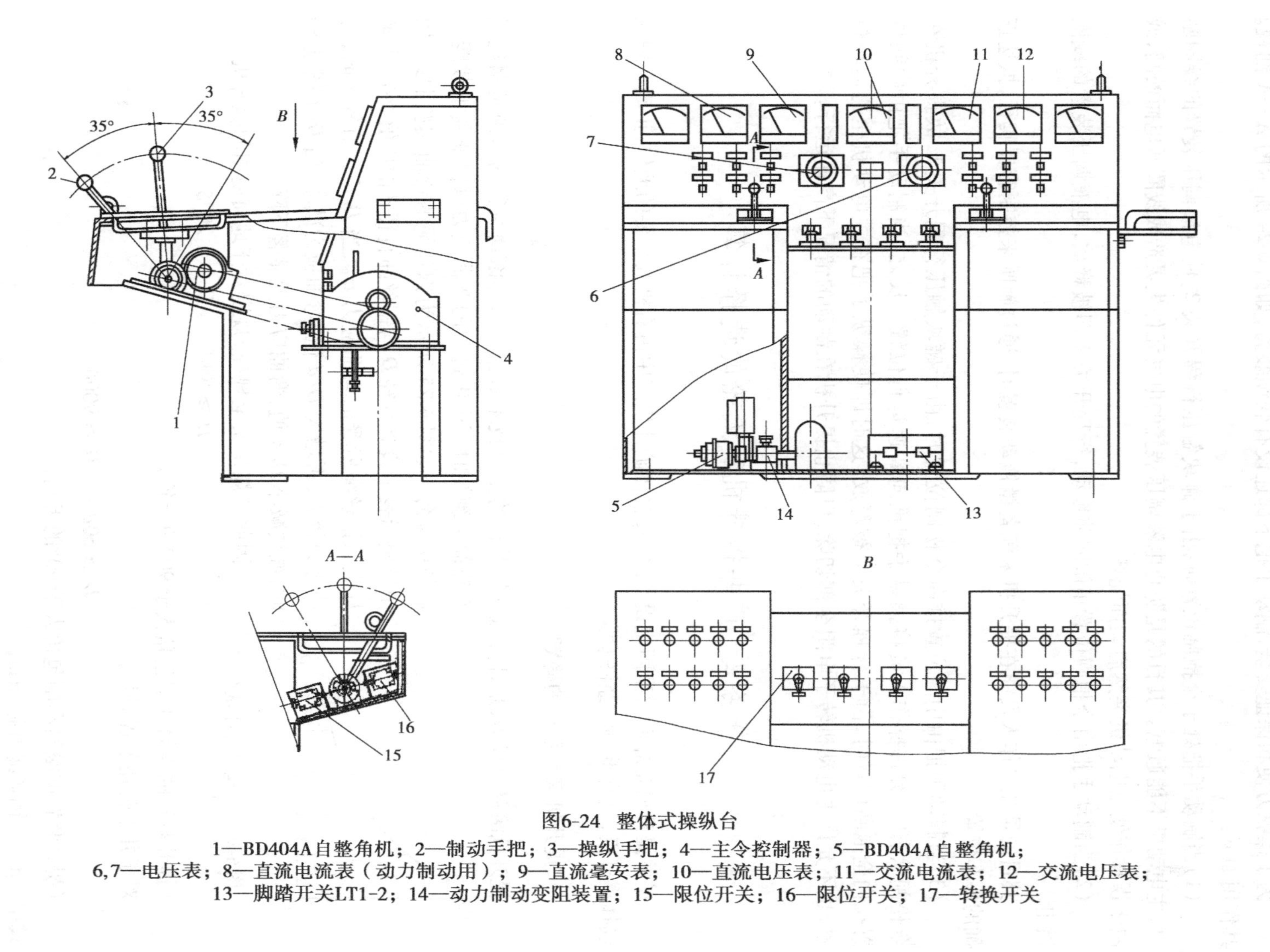

图6-24　整体式操纵台

1—BD404A自整角机；2—制动手把；3—操纵手把；4—主令控制器；5—BD404A自整角机；6,7—电压表；8—直流电流表（动力制动用）；9—直流毫安表；10—直流电压表；11—交流电流表；12—交流电压表；13—脚踏开关LT1-2；14—动力制动变阻装置；15—限位开关；16—限位开关；17—转换开关当提升机运转中发生异常情况,操作人员可踩下紧急脚踏开关,对提升机进行紧急安全制动。

为了操纵方便和保证安全,制动手把下部还设有联锁装置,如图 6-24 所示的 A—A 剖视。其作用如下:

(1)当制动手把处于全抱闸位置时,由于碰块触压行程开关 2,使电液调压装置的线圈断电,主电动机不能通电。其目的是防止电液调压装置的电气元件失灵造成线圈通电而松闸,或由于误操作使主电动机突然启动而烧坏。

(2)当制动手把由全抱闸位置稍微向前推动,行程开关 2 即被释放,电液调压装置的线圈通电。

其目的是让操作人员能在提升机未配备微拖动装置时,通过施闸来控制容器爬行,抵达正确的停车位置。

(3)当制动手把由中间位置推向全松闸位置时,由于碰块触压行程开关 1,故提升机在全松闸状态时,允许操作人员将操纵手把推向高速运行位置。反之,当制动手把由中间位置拉向全抱闸位置时,由于行程开关 1 被释放,这时即使操纵手把在主电动机全速运转位置,也不允许主电动机转子电阻全部切除,以防止提升机在制动的情况下高速运行。

任务2　矿井提升机和天轮的选择计算

矿井提升机是煤矿大型固定设备之一,它在矿井生产中占有极其重要的地位,正确合理地选择提升机,具有重大的经济意义。

一、提升机滚筒直径的确定

提升机滚筒直径 D,是计算选择提升机的主要技术数据。选择滚筒直径的原则是钢丝绳在滚筒上缠绕时不产生过大的弯曲应力以保证其承载能力和使用寿命。如图 6-25 所示为钢丝绳的弯曲实验曲线,图中横坐标表示滚筒直径 D 与钢丝绳直径 d 的比值 D/d,纵坐标表示钢丝绳所受的弯曲应力 σ_W,当 D/d 比值较小时,弯曲应力较大,再增大 D/d 值,弯曲应力减小,当 D/d 超过 80 时,继续减小 D/d 值,弯曲应力无显著下降。

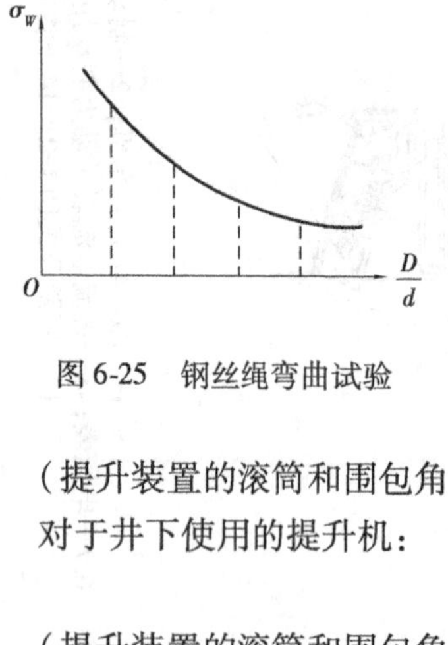

图 6-25　钢丝绳弯曲试验

因此,《煤矿安全规程》规定对于地面使用的提升机:

$$D \geqslant 80d \qquad D \geqslant 1\,200\delta$$

(提升装置的滚筒和围包角大于 90°的天轮)

对于井下使用的提升机:

$$D \geqslant 60d \qquad D \geqslant 900\delta$$

(提升装置的滚筒和围包角大于 90°的天轮)

式中　d——钢丝绳直径,mm;

　　δ——钢丝绳中最粗的钢丝直径,mm。

根据计算值选取标准的滚筒直径。

二、提升机的最大静张力和最大静张力差的计算

提升机是按提升机系列规定的许用最大静张力 $F_{j\,max}$ 和许用最大静张力差 $F_{c\,max}$ 设计出的。在选用时,应使实际负荷所造成的最大静张力差小于或等于许用 $[F_{j\,max}]$ 和 $[F_{c\,max}]$,以保证提升机能正常工作。即

$$F_{j\,max}=Q+Q_z+pH\leqslant[F_{j\,max}]$$

$$F_{c\,max}=Q+pH\leqslant[F_{c\,max}]$$

根据上面计算的 $D,F_{j\,max},F_{c\,max}$ 值在规格表中选出合适的提升机来,再进行宽度验算。

三、提升机滚筒宽度的验算

(一)滚筒宽度应容纳以下几部分长度的钢丝绳

(1)提升高度 H。

(2)钢丝绳试验长度,《煤矿安全规程》规定升降人员或升降人员和物料用的钢丝绳,自悬挂时起每隔6个月试验1次;专门升降物料用的钢丝绳,自悬挂时起经过1年进行1次试验,以后每隔6个月试验1次。试验时每次剁掉5 m,如果绳的寿命以3年考虑,则试验绳长为30 m。

(3)摩擦圈,滚筒表面应保留3圈绳不动,以减轻绳与滚筒固定处的拉力。

(4)错绳圈数,多层缠绕时,上层到下层段钢丝绳每季需错动1/4圈,根据绳子的使用年限,一般取错绳圈数 $n'=1\sim4$ 圈。缠绕在滚筒圆周表面上相邻两绳圈间隙宽度,$\varepsilon=2\sim3$ mm。

(二)滚筒的应有宽度由下面公式求出

(1)单滚筒或双滚筒提升机,每个滚筒的宽度为

单层缠绕时:

$$B=\left(\frac{H+30}{\pi D}+3\right)(d+\varepsilon)$$

多层缠绕时:

$$B=\left(\frac{H+30+(4+3)\pi D}{k\pi D_p}\right)(d+\varepsilon)$$

(2)单滚筒提升机作双钩提升时,滚筒宽度为

$$B=\left(\frac{H+2\times30}{\pi D}+2\times3+n''\right)(d+\varepsilon)$$

式中 k——缠绕层数;

D_p——多层缠绕时平均缠绕直径,计算公式为

$$D_p=D+\frac{K-1}{2}\sqrt{4d^2-(d+\varepsilon)^2}$$

单滚筒做双钩提升时,缠绕和下放钢丝绳间应留圈数 $n'\geqslant2$ 圈。

(三)对于缠绕层数《煤矿安全规程》规定

立井中升降人员或升降人员、物料的,只准缠绕1层;专为升降物料的准许缠2层;倾斜井巷升降人员的,准许缠2层;升降物料,准许缠3层;在建井期间,无论在立井或斜井巷中,升降人员和物料的,都准许缠2层。

四、天轮的选择

根据《煤矿安全规程》规定选择天轮直径。

(一)对于地面设备

若钢丝绳与天轮的围包角大于90°时:

$$D_t \geqslant 80d \qquad D_t \geqslant 1\ 200\delta$$

若钢丝绳与天轮的围包角小于90°时:

$$D_t \geqslant 60d \qquad D_t \geqslant 1\ 200\delta$$

(二)对于井下设备

若钢丝绳与的围包角大于90°时:

$$D_t \geqslant 60d \qquad D_t \geqslant 900\delta$$

若围包角小于90°时:

$$D_t \geqslant 40d \qquad D_t \geqslant 900\delta$$

式中 D_t——天轮直径;

其他符号同前。

根据计算出的天轮直径由表选出与之接近的标准天轮直径。

任务3 矿井提升机的操作与维护

由于矿井提升设备是由多种机电设备组成的大型成套设备,在矿井中具有“咽喉”的重要作用,它一旦出现故障,将导致全矿停产或重大安全事故。因此,正确地操作和使用提升机,做好日常保养维护,减少故障的发生,保证安全生产,是非常重要的;当发生故障时,能快速、准确地查找出故障原因,排除故障,尽量缩短停产时间也是非常重要的。

一、矿井提升机的操作方法

矿井提升机的操作包括启动、停止、调速、换向、制动及调绳等。

(一)矿井提升机启动的方法

1. 操作前的准备工作

检查各手把位置是否正确:控制电源开关应处于关闭位,电锁开关应处于关闭位,制动手把处于应制动位置,提升手把应处于操作零位、调绳转换开关应处于正常位置、过卷复位开关应处于正常位置。

2. 送电

合上控制电源,合上电锁开关,合上自动空气开关。

3. 启动油泵

按下油泵启动按钮。

4. 启动主电动机

当接到井口信号工发来的提升(下放)信号后,按信号指示方向将主电动机操纵手把向前

(向后)推离中间位置,主电动机启动。

(二)矿井提升机停止的方法

当接到信号系统发来的减速停车信号后,将主电动机操纵手把从前端(后端)位置逐渐推回到中间位置,提升机速度逐渐回零,同时将制动器操纵手把逐渐拉回到全制动位置,进行停车制动。

(三)矿井提升机调速的方法

矿井提升机调速的方法有人工手动调速和按时间控制的自动调速两种。

1. 人工手动调速的方法

司机操纵主电动机操纵手把离开中间位置,主电动机启动后,继续向前(或后)推(或拉)主电动机操纵手把,直到最大速度位置,提升机加速到最大速度;司机操纵主电动机操纵手把从最大速度位置回到中间位置,提升机减速至零。加速和减速的快慢由司机人工控制。

2. 按时间控制的自动调速

司机操纵主电动机操纵手把离开中间位置,主电动机启动后,将操纵手把直接推(拉)到最大速度位置,提升机由时间继电器控制加速的快慢;同样,提升机减速时,司机将操纵手把直接从最大速度回到中间位置,提升机由时间继电器控制减速的快慢。

(四)矿井提升机换向的方法

操纵主电动机操纵手把离开中间位置,向前推为提升机正转,向后拉为提升机反转。

(五)矿井提升机制动的方法

矿井提升机的制动分为工作制动、紧急制动和调绳制动3种情况,其操作方法有所不同。

1. 工作制动

工作制动是提升机正常工作时减速、停车、下放重物等状态下由司机操作制动器手把来进行制动的一种方式。此时,司机操作制动器手把在全松闸和全紧闸范围内运动,获得所需的制动效果。

2. 紧急制动

紧急制动是提升机工作中出现异常情况时,由安全保护装置动作,或由司机踩下操纵台右下方的脚踏开关,造成提升机断电,制动器抱闸的一种方式。此时司机踩下操纵台右下方的脚踏开关即可。

3. 调绳制动

调绳制动是提升机进行调绳时,只闸住活滚筒的一种制动方式,此时司机按调绳的方法操作。

(六)矿井提升机调绳的操作方法

(1)将主电动机操纵手把拉回中间位置,提升机停止运转。

(2)将制动手把拉回到“全制动”位置,制动住两滚筒。

(3)将调绳转换开关扳到“调绳”位置,使其控制的闭锁电路接通。

(4)将离合器转换开关扳到“离开” 位置,使调绳离合器脱开,活滚筒与主轴脱开,此时注意观察操纵台上的指示灯。

(5)将制动手把推到到“全松闸”位置,将主电动机操纵手把推离中间位置,提升机运转,带动死滚筒运转进行调绳。

(6)调绳结束后,将主电动机操纵手把拉回中间位置,提升机停止运转;将制动手把拉回到“全制动”位置,制动住两滚筒。

(7)将离合器转换开关扳到“合上”位置,使调绳离合器合上,活滚筒与主轴接合。

(8)将调绳转换开关扳到“正常”位置,使其控制的闭锁电路断开。

二、矿井提升机的日常维护

《煤矿安全规程》规定:提升机各部分,包括滚筒、连接装置、制动装置、传动装置、调绳装置等,每天都要有专人检查一次,每月由矿机电部门负责人组织检查一次,如发现问题必须立即处理,在未修好前禁止使用。

小修是对提升机进行局部修理,通常只修理或更换个别磨损件或配件及填料,清洗部件及润滑件,调整部分机械的窜量和间隙,局部恢复精度,加油或更换油脂,清扫及检查电气部位,作好检查记录,为大、中修提供依据。

中修是对提升机某些主要部件进行解体检查,修理或更换较多的磨损零件,更换成套部件,更换电动机的个别线圈或全部绝缘,清洗复杂部件零件,清洗疏通各润滑部件,减速器换油,更换油毡和密封圈,处理漏油部位,给提升机有关部件喷漆或补漆等。

大修是对提升机全面解体进行彻底检修,对所有零件进行清洗,作出修复更换鉴定,更换或加固重要的零件或机构,恢复提升机应有的精度和性能,调整各部件和电气操作系统及控制系统,检查地基及基础座,给提升机重新喷漆,等等。

现以 JK 型提升机为例,阐述提升机主要部件的检查和调整要求。

(一)盘形闸的检查和调整要求

(1)各盘形闸的中心线应与主轴中心线在同一水平面上,其误差不应大于 3 mm。

(2)盘形闸左右两闸瓦与制动盘两平面应平行,其误差不得超过 0.5 mm。

(3)盘形闸闸瓦与制动盘的接触面积必须大于 60% 。

(4)盘形闸闸瓦与制动盘的间隙调整到 1 ~ 1.5 mm, 使用中若闸瓦磨损至间隙达 2 mm 时,需及时调整。

(5)紧急制动空行程时间不超过 0.5 s。

(6)如无动力制动且连续带闸下放重物时,必须严格注意闸瓦的温度不得超过 80 ℃。

(二)盘形闸闸瓦间隙的调整方法

调整盘形闸闸瓦间隙时:

(1)先将制动手把扳到“松闸”位置,使制动器处于全松闸状态。

(2)拧下紧固螺钉,把调整螺母往里拧,推动活塞、筒体、闸瓦向前移动,调到要求的间隙后再将螺钉拧紧。

(3)将制动手把扳到“制动”位置,使制动器处于全制动状态。

(4)再将制动手把扳到“松闸”位置,使制动器处于全松闸状态。

(5)检查闸瓦间隙是否符合要求。

(三)主轴及轴承的检查调整要求

(1)主轴的水平度误差应在 2/10 000 范围内,主轴的最大窜量不应超过 1 ~2 mm,主轴的振幅不得超过表 6-1 规定。

表6-1　主轴的允许振幅

主轴转速/($r \cdot min^{-1}$)	1 000	750	600	500以下
允许振幅/mm	0.1	0.12	0.16	0.20

(2)轴颈磨损和加工削正量不得超过原设计直径的5%,并禁止焊补。

(3)轴颈与轴瓦的配合间隙应符合表6-2规定。当超过表中的最大值时,应用垫片进行调整。不能用垫片进行调整的,应更换轴瓦。

表6-2　轴颈与轴瓦的配合间隙

轴颈直径/mm	轴瓦顶间隙/mm	
	≤1 000 r/min	>1 000 r/min
50~80	0.07~0.14	0.10~0.19
>80~120	0.08~0.16	0.12~0.23
>120~180	0.10~0.20	0.15~0.27
>180~260	0.12~0.23	0.18~0.31
>260~360	0.14~0.25	0.21~0.36
>360~500	0.17~0.31	
>500~600	0.20~0.36	
>600~720	0.32~0.40	

(4)轴承衬层内表面应平滑光洁。允许有3个以下的散布气孔,其最大尺寸不得超过2 mm,且相互间距不小于15 mm。轴承衬层有裂纹或部分剥落时必须更换。

(5)轴颈与下轴瓦的接触面积用染色法检查应达到表6-3规定。

表6-3　轴颈与下轴瓦的接触要求

轴颈直径/mm	沿轴向接触范围	在下轴瓦中部的接触范围	每25 mm×25 mm内的接触斑点
≤300	不小于轴瓦长的3/4	90°~120°	12~18
>300	不小于轴瓦长的2/3	60°~90°	12~18

(四)联轴器的检查调整

(1)联轴器的端面间隙及同轴度应符合表6-4和表6-5要求。

表6-4　联轴器的端面间隙

联轴器直径/mm	160	185	220	245	290	320	390	410	580	720	880	1 110
端面间隙/mm	2	3	4	5	6	7	8	10	12	15	20	25

表 6-5　联轴器的同轴度

联轴器外形最大直径/mm	两轴的不同轴度允差/mm	
	径向位移	倾斜
≤300	0.1	0.5/1 000
>300～500	0.2	0.8/1 000
>500～900	0.3	1.0/1 000
>900～1 400	0.4	1.5/1 000

(2)弹性柱销联轴器胶圈外径与孔径差不超过 2 mm,齿轮联轴器齿厚磨损不超过 20%,蛇形弹簧联轴器厚度磨损不超过 10%。

(五)减速器的检查调整

齿轮的齿侧间隙与齿顶间隙应符合表 6-6 和表 6-7 的要求。

表 6-6　减速器渐开线齿轮的齿侧间隙/mm

结合形式	中心距					
	320～500	>500～800	>800～1 250	>1 250～2 000	>2 000～3 150	>3 150～5 000
闭式	0.26	0.34	0.42	0.53	0.71	0.85
开式	0.53	0.67	0.85	1.06	1.40	1.70

表 6-7　渐开线齿轮的齿顶间隙/mm

齿轮压力角	标准间隙	最大间隙
20°标准齿	$0.25m_n$	1.2 倍标准间隙
20°短齿	$0.30m_n$	1.2 倍标准间隙

三、提升机常见故障及处理方法

提升机常见机械故障及处理方法如下:

(一)主轴装置常见故障原因及排除方法(见表 6-8)

表 6-8　主轴装置常见故障原因及排除方法

故障现象	故障原因	排除方法
滚筒辐板扇形入孔开裂	制造粗糙引起应力集中	钻止裂孔、焊加强板
主轴断裂或弯曲	1.各支承轴承的同心度和水平度偏差过大,使轴局部受力过大,反复疲劳折断 2.经常超载运转和重负荷冲击,使轴局部受力过大产生弯曲 3.加工装配质量不符合要求 4.材质不佳或疲劳	1.调整同心度和水平度 2.防止重负荷冲击 3.保证加工质量 4.更换合乎要求的材质

续表

故障现象	故障原因	排除方法
滚筒产生异响	1. 连接件松动或断裂,产生相对位移和振动 2. 滚筒筒壳产生裂纹或强度不够,产生变形 3. 焊接滚筒开焊 4. 游动滚筒衬套与主轴间隙过大 5. 离合器有松动 6. 键松动	1. 进行紧固或更换 2. 焊接处理或在筒内用型钢加补强筋 3. 焊接处理 4. 更换衬套,适当加油 5. 调整、紧固联接件 6. 紧固键或更换键
滚筒有异响	1. 死滚筒轮毂与轴配合松动 2. 切向键退出 3. 滚筒联接螺栓松动 4. 活滚筒铜套间隙超限、缺油	1. 修理对口, 重新紧固 2. 打紧切向键 3. 紧固螺栓 4. 更换铜套、加油
滚筒筒壳发生裂缝	1. 筒壳钢板太薄 2. 局部受力过大,联接零件松动或断裂 3. 木衬磨损或断裂	1. 更换筒壳 2. 筒壳内部加立筋或支环,拧紧螺栓 3. 更换木衬
轴承发热、烧坏	1. 缺润滑油或油路堵塞 2. 润滑油脏,混进杂物 3. 间隙小或瓦口垫磨损 4. 与轴颈接触面积不够 5. 油环卡塞	1. 补充润滑油,疏通油路 2. 清洗过滤器,换油 3. 调整间隙及瓦口垫 4. 刮瓦研磨 5. 检查修理油环
筒壳剖分面沿联接处开裂	应力集中	焊加强板
筒壳圆周高点处开裂	筒壳不圆引起应力集中	焊补、车圆
主轴切向键松动	装配质量未达到要求	重配切向键、增设止退螺钉紧固
主轴轴向窜动	轴承端面磨损造成间隙增大	加铜环和调整垫片
固定滚筒左轮毂内孔磨损	多种负荷作用产生微动	更换
活动滚筒铜套紧固螺栓剪断	铜套与主轴配合处缺乏润滑油	清洗润滑油道、油槽、选用合适黏度的润滑油
活动滚筒轴瓦磨损	缺乏润滑油、主轴歪斜	加强润滑、调整主轴中心、更换铜瓦
制动盘偏摆超差	主轴安装不正、主轴承轴瓦磨损	检查调整主轴位置、更换轴瓦

(二)减速器常见故障原因及排除方法(见表6-9)

表6-9 减速器常见故障原因及排除方法

故障现象	故障原因	排除方法
齿轮有异响和振动过大	1. 齿轮装配啮合间隙超限或点蚀剥落严重 2. 轴向窜量过大 3. 各轴水平度及平行度偏差太大 4. 轴瓦间隙过大 5. 键松动 6. 齿轮磨损过大	1. 调整齿轮啮合间隙,限定负荷,更换润滑油 2. 调整窜量 3. 重新调整各轴的水平度及平行度 4. 调整轴瓦间隙或更换 5. 紧固键或更换键 6. 进行修理或更换齿轮
齿轮磨损过快	1. 装配不好,齿轮啮合不好 2. 润滑不良或油有杂质 3. 加工精度不符合要求 4. 负荷过大或材质不佳 5. 疲劳	1. 调整装配 2. 加强润滑 3. 适当检修处理 4. 调整负荷或更换齿轮 5. 修理或更换
齿轮打牙断齿	1. 齿间掉入金属异物 2. 突然重载荷冲击或反复重复载荷冲击 3. 材质不佳或疲劳	1. 检查取出,更换齿轮 2. 采取相应措施,杜绝超负荷运转 3. 更换齿轮
齿轮裂纹	制造原因和使用原因引起的应力集中	将裂纹处打磨光滑使其周围圆滑过渡防止裂纹扩散
断齿	过载、应力集中、交变载荷	更换
齿面损伤(点蚀、剥落)	齿轮的材料、加工、承受的交变负载	将点蚀坑边沿打磨圆滑、更换极压齿轮油
齿面磨损	齿面上没有油膜、硬质颗粒啮合区、齿轮加工误差造成啮合不正常	采用极压齿轮油、保证润滑油清洁监视磨损发展情况
齿面胶合	缺乏润滑油、负载过重、局部过热	将损伤处打磨光滑、采用极压齿轮油润滑冷却
传动轴弯曲或折断	1. 材质不佳或疲劳 2. 断齿进入另一齿轮齿间空隙,齿顶顶撞 3. 齿间掉入金属硬物,轴受弯曲应力过大 4. 加工质量不符合要求,使轴产生大的应力集中	1. 改进材质 2. 发现断齿及时停车,及早处理断齿 3. 杜绝异物掉入 4. 改进加工方法,保证加工质量

续表

故障现象	故障原因	排除方法
减速器声音不正常或振动	1. 齿轮间隙超限或齿面接触不良 2. 轴向窜动量过大 3. 轴瓦间隙过大 4. 地脚螺栓或齿轮键松动	1. 调整齿轮间隙，研磨齿面 2. 加固定挡圈 3. 调整间隙 4. 紧固地脚螺栓及齿轮
箱体变形	地脚螺栓松动、基础变形	增减调整垫片、紧固地脚螺栓

（三）联轴器常见故障原因及排除方法（见表6-10）

表6-10　联轴器常见故障原因及排除方法

故障现象	故障原因	排除方法
联轴器发出异响，联接螺栓切断	1. 缺润滑油脂，漏油 2. 齿轮间隙超限 3. 切向键松动 4. 同心度及水平度偏差超限 5. 齿轮磨损超限 6. 外壳窜动切断螺栓 7. 蛇形弹簧折断	1. 加润滑油脂，换密封圈 2. 调整间隙 3. 紧固切向键 4. 调整找正 5. 更换 6. 处理外壳，更换螺栓 7. 更换

（四）制动装置常见故障原因及排除方法（见表6-11）

表6-11　制动装置常见故障原因及排除方法

故障现象	故障原因	排除方法
制动器不开（松）闸	液压站油压不够	检查液压站
制动器不制动	液压站损坏或制动器卡住	检查液压站、检查制动器
制动时间长、制动力小	闸瓦间隙大、闸瓦上有油、碟形弹簧弹力不够	检查修理
松闸和制动缓慢	液压系统有空气、闸瓦间隙大、密封圈损坏	检查修理
制动器和制动手把跳动或偏摆，制动或松闸不灵活	1. 闸座销轴及各铰接轴松动或销轴缺油 2. 传动杠杆有卡塞地方 3. 制动油缸卡缸 4. 制动器安装不正 5. 压力油脏，油路阻滞	1. 更换销轴，定期注润滑油脂 2. 检查处理卡塞之处 3. 检查并调正制动缸 4. 重新调整找正 5. 清洁油路，换油

续表

故障现象	故障原因	排除方法
闸瓦过热及烧伤制动盘	1. 用闸过多过猛 2. 闸瓦螺栓松动或闸瓦磨损过度，螺栓触及制动盘 3. 闸瓦接触面积小于60%	1. 改进操作方法 2. 更换闸瓦，紧固螺栓 3. 调整闸瓦的接触面积
制动油缸顶缸	工作行程不当	调整工作行程
制动油缸漏油	密封圈磨损或破裂	更换密封圈
制动油缸卡缸	1. 活塞皮碗老化变硬 2. 活塞皮碗在油缸中太紧 3. 压力油脏，过滤器失效 4. 活塞底部的压环螺钉松动或脱落 5. 制动油缸磨损不均	1. 更换 2. 调整 3. 换油，清洗 4. 定期检查，增加防松装置 5. 修理油缸或更换
盘形闸闸瓦断裂，制动盘磨损	1. 闸瓦材质不好 2. 闸瓦接触面不平，有杂物	1. 更换质量好的闸瓦 2. 清扫，调整
正常运行时油压突然下降	1. 电液调压装置的控制杆和喷嘴的接触面磨损 2. 动线圈的引线接触不好或自整角机无输出 3. 溢流阀的密封不好，漏油 4. 管路漏油	1. 用油石磨平喷嘴，调整弹簧 2. 检查线路 3. 修理溢流阀或更换 4. 检查管路
开动叶片油泵后不产生油压	1. 叶片油泵内进入空气 2. 叶片油泵卡塞 3. 滤油器堵塞 4. 溢流阀主阀芯节流孔堵塞	1. 排出油泵中的空气 2. 检修叶片油泵 3. 清洗或更换滤油器 4. 清洗检查溢流阀
液压站残压过大	1. 电流调压装置的控制杆端面离喷嘴太近 2. 溢流阀的节流孔过大	1. 将十字弹簧上端的螺母拧紧一些 2. 更换节流孔元件
油压高频振动	1. 油泵、溢流阀、十字弹簧发生共振 2. 油压系统中进入空气	1. 更换液压元件 2. 利用排气孔排出空气
制动力矩不足	1. 碟形弹簧弹力不够 2. 闸瓦与制动盘接触面积小，粗糙度不好，使摩擦系数降低	1. 更换碟形弹簧 2. 提高粗糙度，增加接触面积

续表

故障现象	故障原因	排除方法
盘形制动器过热	1. 有杂质附在制动盘上 2. 闸瓦接触面积达不到60%以上 3. 操作方法不当,施闸时间过长	1. 清除杂质 2. 研磨闸瓦 3. 按操作规程操作
盘形制动器动作不灵敏	1. 压力油未达到规定压力 2. 压力油管有泄漏 3. 油管及制动器油缸内有空气 4. 闸瓦间隙调整不合适	1. 调整油压达到6.5 MPa 2. 检修油管 3. 排除空气 4. 调整闸瓦间隙
制动油无压力	1. 油泵中有空气 2. 泵吸油口未拧紧 3. 溢流阀节流孔可能被堵 4. 溢流阀阀芯卡住	1. 往油泵中灌油排气 2. 检查吸油口拧紧接头 3. 清洗溢流阀 4. 检查溢流阀
制动油有压力但达不到最大值	1. 喷嘴或挡板端面不平 2. 控制杆与喷嘴不垂直 3. 电液调压装置的动圈电流过小	1. 用油石磨平端面 2. 调整控制杆 3. 在允许范围内增大电流
液压站有时出现失压现象	1. 电液调压装置的线圈引出线焊接不牢 2. 电液调压装置的节流孔可能被堵 3. 电液调压装置的十字弹簧松动	1. 重新焊牢 2. 清洗并换油 3. 十字弹簧调整好后必须拧紧上、下螺母
叶片泵排不出油	1. 电动机转向不对或油箱内油面过低 2. 油管或过滤器堵塞 3. 油的黏度过高	1. 改变电动机转向,加油到规定油面 2. 清除杂质 3. 使用规定牌号油液
叶片泵启动后有噪声	1. 靠联轴节处端盖破裂或4个螺钉未拧紧 2. 出油口处的端盖未压住配油盘 3. 吸油口的滤油器堵塞	1. 更换端盖,拧紧螺钉 2. 出油口处及端盖之间适当加垫 3. 清洗滤油器
液压站油压正常但松不开闸或松开一部分	电磁阀 G_3, G_4 所需电压过低或过高,将线圈烧坏	检查电路及电磁阀线圈情况并修理

(五)深度指示器常见故障原因及排除方法(见表6-12)

表6-12　深度指示器常见故障原因及排除方法

故障现象	故障原因	排除方法
深度指示器的丝杠晃动,指示失灵	1. 丝杠弯曲或安装不当,螺母磨损 2. 传动齿轮磨损,跳牙 3. 传动齿轮联接键松动 4. 摩擦式提升机的电磁离合器黏滞,不调零	1. 调整或更换 2. 更换 3. 修理,紧固键 4. 检修电磁离合器及调整装置

(六)调绳离合器常见故障原因及排除方法(见表6-13)

表6-13　调绳离合器常见故障原因及排除方法

故障现象	故障原因	排除方法
离合器发热	离合器沟槽口处有金属碎屑或其他脏物	用煤油清洗、擦净,并加润滑油
活动滚筒卡在轴上	活动滚筒的轴套润滑不良,或尼龙轴套粘结	改善并加强润滑、油管避免用直角接头、更换尼龙轴套
离合器不能很好地合上	内齿圈和外齿轮的轮齿上有毛刺	进行检查,清除毛刺
离合器油缸内有敲击声	1. 活塞安装不正确 2. 活塞与缸盖间的间隙太小	1. 进行检查,重新安装 2. 进行调整,一般此间隙不应小于2 ~ 3 mm
调绳时离合器离开缓慢	密封圈损坏漏油	更换
调绳时离合器离不开	联锁阀的小活塞卡住、小活塞上弹簧预压力大	检查调整
离合器合上困难	轮毂与尼龙瓦配合间隙偏大	检查调整或更换
离合器齿轮自动脱开	联锁阀失灵或离合油缸漏油	检查更换

思考与练习

1. 矿井提升机操纵台上有哪些手把、开关、按钮及仪表?
2. 矿井提升机调速的方法有哪两种?

3. 矿井提升机工作制动、安全制动和调绳制动有何不同?
4. 叙述矿井提升机调绳的操作方法。
5. 叙述矿井提升机调整闸瓦间隙的操作方法。
6. 简述主轴装置常见故障原因及排除方法。
7. 简述减速器常见故障原因及排除方法。
8. 简述制动装置常见故障原因及排除方法。
9. 简述深度指示器常见故障原因及排除方法。
10. 简述调绳离合器常见故障原因及排除方法。

参考文献

[1] 谢锡纯. 矿山机械与设备[M]. 徐州：中国矿业大学出版社,2000.
[2] 马新民. 矿山机械[M]. 徐州：中国矿业大学出版社,1999.